与自己握手言和

廖宇靖 著

天津出版传媒集团
天津人民出版社

图书在版编目（CIP）数据

与自己握手言和 / 廖宇靖著. --天津 : 天津人民出版社, 2019.9

ISBN 978-7-201-15198-4

Ⅰ. ①与… Ⅱ. ①廖… Ⅲ. ①人生哲学—通俗读物 Ⅳ. ①B821-49

中国版本图书馆CIP数据核字（2019）第189088号

与自己握手言和
YU ZIJI WOSHOU YANHE

出　　版　天津人民出版社
出 版 人　刘　庆
地　　址　天津市和平区西康路35号康岳大厦
邮政编码　300051
邮购电话　（022）23332469
网　　址　http://www.tjrmcbs.com
电子邮箱　reader@tjrmcbs.com

责任编辑　陈　烨
特约编辑　杨　子
内文设计　邱兴赛
封面供图　视觉中国
封面设计　仙　境

制版印刷　北京华创印务有限公司
经　　销　新华书店
开　　本　880×1230毫米 1/32
印　　张　8
字　　数　130千字
版次印次　2019年9月第1版　2019年9月第1次印刷
定　　价　42.00元

自序

其实，我们一生都在与平凡为敌

如果有人问你人生的追求是什么，你会怎么回答？

一般来说，答案无非是：追求成功，追求幸福，追求财富，追求健康，追求爱情……但凡世界上一切美好的事物，我们都愿意去追求、去得到，唯一不想获得的就是——平凡。

一旦某个人说自己想要追求平凡，身边肯定会有人跳出来指责：平凡还用得着追求吗？平凡再简单不过，每个人都是平平凡凡、普普通通的，只有不平凡才值得追求。平凡是每个人生来就想摆脱的东西，仿佛唯有努力摆脱平凡，别人才会觉得你正常。

无形中，我们已将平凡当作了敌人，而不是朋友。

其实，这种想法也无可厚非。对于年轻人来说，人生刚刚开始，未来有无限可能。在鲜衣怒马的少年时光，谁没做过几个英雄梦？谁不想成为下一个马云或乔布斯，拥有一段不凡的传奇人生？谁愿意承认自己只有萤火之光，这辈子没有可能与日月争辉呢？

但是，随着年龄的增长，有些不切实际的幻想在与现实正面交锋之后，难免要面对烟消云散的结局。有些人功成名就，阅尽人生冷暖，经过大起大落的喧嚣之后，也难免要回归平静的现实。

我也曾经历过这种梦想掉入现实的状态，过了三十而立的年龄，正在快速地向“四”奔去。二十多岁没成功，可以说我还年轻，还有时间；到了三四十岁，如果还是“普通人”，可能这个时候有的人就慌了，将自己与平凡对立起来，固执地将幻想捍卫成理想。

当我们害怕平凡时，我们究竟在害怕什么？

有的人害怕平凡，是害怕面对真实的自己；有的人害怕平凡，是害怕得不到外界的关注与尊重，因此才以平凡为耻，与平凡为敌。

然而，一个人平凡与否，有时并不以自己的意志为转移。看遍周遭，不难发现，不管愿意与否，大多数人最终依旧普通平凡。他们的理想就像怒放的花朵，随着夏天的来临而悄然衰败；他们的追求就像一座座沙雕，风儿会将它逐渐削平，就像没有存在过一样。

很多人都有这样的心路历程：年轻时，觉得要“生如夏花般绚烂”，可历经风雨后才悟出来，也许平凡才是唯一答案。从热血、激情，到释怀、和解，我们在成长的过程中认清了现实，也认清了自己。

英国诗人西格里夫·萨松曾有一句经典诗句：“心有猛虎，细嗅蔷薇。”一个人内心的热血澎湃与外在的平凡朴实并不是对立的两面，而是可以并存的和谐，恰如这猛虎与蔷薇一般。

不卖焦虑，不灌“鸡汤”。在我32岁的时候写下32个小故事，致敬这个时代与我同行的所有不普通的普通人。

目录

羁绊 逃离，逃离

人间 命运从不妥协，能妥协的只有我们自己

目录

释怀　每一个努力生活的人都值得尊重

涅槃 不要与自己的平凡为敌

逃离，逃离

YUZIJIWOSHOUYANHE

1

所有的奋斗都源自不甘平凡

2018年的最后一天，成都下雪了，微信朋友圈里一片欢腾。

六角形的雪花，与我在北方冬日的肮脏泥地里踩过的雪花，以及在白雪皑皑的雪山上虔诚捧起过的雪花，几乎没有明显的不同。但是，它们各自的命运却发生了天翻地覆的差别。因为时间和地点的关系，这样的雪花在北方平常到人们不屑多看它一眼。但在蜀地，它却引发了这样大的轰动效应。

雪花的生命转瞬即逝，是飘落于污泥，还是永存于冰雪？一切生死荣辱，自有天命成全，它们的内心不会起任何波澜，但是人呢？

01

前段时间，我偶然遇到了之前工作上的一个朋友，小A。

在我的印象里，他一直是特别踏实、努力的老实孩子，没想到他却突然辞职，白手起家，大龄创业，着实让我大为吃惊。

他说："很多人觉得我冲动，心比天高。其实，我根本没想那么多。当时，我只有一个想法，就是逼自己一下，或许就能过上更好的生活。说白了，就是不甘心。"

"从小到大，我一直过着按部就班的生活，上学、考试、毕业、上班，看上去好像走得很平顺，其实我一直处于一种混沌的状态，因为原来的生活我没有选择的权利，我就像一个提线木偶，被推着在舞台上表演。当这种外在的动力一旦消失，我一下子就失去了生活的热情。"

我记得他曾经跟我描述过他想要的生活的样子，其实，不过是用自己喜欢的状态度过一生罢了，但这样的生活却遭到了很多人的反对。

他继续说道："当我提出想要辞职的想法时，我父母吓坏了，觉得我瞎折腾，他们对我说：'你就是个普通人，过好平凡的一生不好吗？'"

他很认真地看着我，说："我从不觉得平凡不好，但如果我不试一下，怎么知道自己是不是一个平凡的人呢？"

02

他继续说："说实话，有时候真羡慕那些能安稳过日子的人，从毕业到现在一直做着一份工作，按时结婚生子，心平气和地过着安逸的生活。”

我说：“如果你当时不辞职创业，踏踏实实找一个安稳的工作，随便在单位上上班，也能过上这样的日子。但是，你不肯啊！”

他哈哈地笑了笑，说：“是啊！”

我也笑了。是啊，就是不肯啊，我也是同样的人。

在别人眼里，我总是在不断地折腾，挑战自己的极限。

几年前，曾经有人好奇地问过我：“你这么折腾自己的动力是什么？”

我也认真想过这个问题，并列出了以下几个答案：

第一，是梦想。

我身边许多人认为“梦想”是一个俗得掉渣的词。但我认为，一个没有梦想的人，就像一只没有翅膀的鸟，不能在天空中翱翔；一个没有梦想的人生，只不过是把现在的死亡，待到老时埋葬。

没有梦想的人是可悲的。他在现实中沉湎，安于平淡，庸庸碌碌地走完一生，到头来将会充满遗憾，却又无可奈何。而这，绝不是我想要的人生。

第二，是责任。

人到中年，上有老下有小，各种生活的琐碎与压力与日俱增。所以，必须更加勤奋、更加努力，才能让家里的老小过上更好的

生活。

第三，我不想安于平凡。

无论何时我都不想被人看不起，抑或是为了争一口气，因为我始终不甘输于他人。我曾经发奋图强、勤奋拼搏，只为了有一天能抬得起头，争那一口气。

03

“我的人生是不是注定平凡？”很多人都曾经这样问过自己。

一开始，我的答案是坚决否定的。怎么可能呢？世界那么大，有那么多的事情等着我去做，有那么多的风景等着我去欣赏，我渴望与众不同。

记得小学一年级的时候，班主任在课堂上问我们的梦想是什么。“80后”出生的孩子，那个时候的回答大部分是想成为科学家、飞行员、老师。

我的童年梦想和大多数孩子不同，我的梦想是做一个和尚。因为小时候特别喜欢看少林寺题材的电影，也想像电影里的和尚一样除暴安良、行侠仗义。我清晰地记得，二十多年前，当满脸稚气的我脱口而出这个梦想时，随之而来的是阵阵嘲讽声。其实，在我心里，我也在嘲笑他们的平凡。

后来，一天天长大懂事，在父母的友情提示下，才知道原来和尚是不能娶妻子的，然后我就果断地放弃了这个最初的梦想。但渴望不同的心却仍在不断地躁动，我向往巅峰的感觉，那是一种可以选择的快感。

不管是在16岁时为了追求“班花”而出版第一本书，由此走上文学道路；还是在高三时独自北漂，经历中央戏剧学院落榜的打击；抑或是辞掉公务员的“铁饭碗”……不甘平凡与安于现状，永远是两条永不相交的平行线。

久而久之，我不再问自己这个问题，因为我害怕问题的答案。我能做的，只有不断逃离。

2

平凡＝无能＝死亡？

平凡，究竟是一种难得的可贵，还是无能之人的自我安慰？

01

如果你遇到十五年前的我，可能会讶异于我是如此普通，甚至还非常沉默寡言。

那时的我，觉得自己活在这天地间就是一块石头。

你问我为什么偏偏是石头？因为石头是那么的普通，满世界都是，而且还随处可见，最关键的是它们大多数都不好看。我觉得自己就是这样一个人，再普通不过了，没有人会低下头来多看我一眼。

但是，如果你问我：想出人头地吗？

我想，做梦都想。

02

每个人来到这个世界的时候，都自带了一套生存系统。有的人衔着金汤匙，一出生就享受万众瞩目，而我的设定却是最普通的那一款。

普通的家庭，普通的父母，普通的我，这个组合听上去似乎非常合理，也理所当然。我的父母对我似乎也没有任何超乎现实的期待，在他们为我预设的人生里，无非是大学毕业后回家接父亲的班，再找个女孩结婚生子。像他们一样，度过平凡而琐碎的一生。

对于某些王公贵胄来说，平民生活看上去既新鲜又有情趣。但对于我来说，这样的人生已经再熟悉不过了。在这种生活中可能遇到的所有柴米油盐，可能产生的所有情绪，我都耳濡目染，厌烦无比。

在我的成长过程中，这种想要与众不同的渴望一直挥之不去。

上小学的时候，我成绩特别不好，在班上的排名经常是倒数，什么荣誉都与我无关。甚至班里的同学都有红领巾了，就我没有。我不喜欢这种被无视的感觉，就让妈妈用红布给我做了一个红领巾，悄悄地戴在脖子上。我以为从此以后，我将变得和过去不一样。万万没想到，第二天还没走进校门，就被门口负责稽查的老师给堵住了，稽查老师没收了伪造的红领巾。我这才发现妈妈给我做的红领巾居然是正方形的！

到了初中，我进入了一所贵族学校就读，班上除了我的父母是普通的铁路工人，其他同学的父母都是达官贵人。

那时，虽然年纪尚很小，但青春期的孩子非常敏感，在这种差异的比较下，我的性格更加内向。初中三年，班里一半的女生没跟我讲过一句话，再加上我成绩不好，走到哪里都像影子一样。我成为班里最沉默的那个人，甚至把自己完全封闭起来。

唯一能排解情绪的方式就是写作。那个时候，我经常悄悄地把自己的想法写在日记本里，在那些故事里把自己幻想成一个大英雄，劫富济贫，无所不能。

初二那年，因为数学成绩太差，老师要求我退学，言语中对我说了不太好听的话。她说："你是铁路子弟，现在退学早点儿去当兵，退伍后还能回到铁路上当一个工人，多好。你现在在这里就是浪费时间。"这些话让我很受打击，虽然我的很多铁路大院的小伙伴都走了这条老路，但我偏不，我要跟自己拼一把。

那年期末考试的成绩出来后，我的数学成绩从全年级倒数第十，直接考到了全年级前十。拿到成绩单时，老师不相信了，觉得我在作弊。

在那个充满叛逆的年纪，我恨极了被忽视的感觉，更加渴望被关注、被发现、被认可。如果让我再将这种生活重复一遍，光是想就已经让我窒息了。

从那一刻开始，我决定不做平凡人的普通人，一定要混出个人样来。因为对当时的我来说，平凡就意味着失败，就代表着无能，而一个无能的普通人，无异于死亡。

03

转眼十几年过去了，我也已经过了三十而立的年纪。直到现在，我才开始直面“平凡”这两个字的真实含义，却发现我对它一无所知。

到底什么是“平凡”？百度百科上对它的定义是：平常的能力和价值，明显地缺乏特色或长处。

《新华词典》里对它的解释是：平凡即普通，平凡的人即平民。

曾经，我比所有人都更害怕“平凡”二字。二十多岁的我认为：平凡就是无能，不成功，毋宁死。

我悄无声息地来到这个世界上，没有弄出任何的响动，又悄无声息地离开，那种感觉让人窒息。在这种恐惧的逼迫下，我不断努力地向上攀爬，哪怕摔死也不敢回头多看一眼。

在害怕成为一名普通人的背后，其实是害怕自己不够独特，觉得只有不平凡才是成功的标志。

中国在近四十年的飞速发展中，诞生了许多经济巨贾，创造了惊人的财富神话。很多人都渴望成功，在周围大环境的影响下，普通则被认为是不思进取，是无能、失败的代名词。

很多时候，我们对自己的定位来自于与他人的比较，如果比对方强一些，就是了不起，就是不平凡。相反，如果与他人相比相形见绌，就会觉得自己不过是个普通人，是个失败者。

没有人会喜欢失败的自己。因此，只有那些梦想明确、目标高远的人，才能得到大家的注目和向往。

04

这并不是我一个人的恐惧，很多人都生活在这种恐惧中。前段时间，我在微信中收到一条留言，一位刚关注我不久的读者说："我真的对自己失望透了！"后面跟了一大串哭泣和崩溃的表情。

她对我讲了她的郁闷：她叫小枫，今年29岁，在外地工作。昨天，她接到妈妈打来的电话，又提起了让她相亲、结婚的话题，两个人因意见不合，在电话里大吵了一架。因为心情不好，第二天上班时也闷闷不乐，结果被客户投诉，挨了领导的一顿训斥，工作的不顺和父母的不理解，让她感到非常绝望。

她说："当我带着满腔的激情离开家，外出闯荡的时候，就告诉自己一定要出人头地。但我从来没有想过，几年之后的我仍然是没车、没房、没存款、没对象。如果到了30岁的时候，我还过着这样平凡的日子，我真的不想活了。”

看到这段文字，我立刻想到了年轻时的自己。就回复她说：“那什么是不平凡呢？”

她回复我说：“起码要有车、有房，有自己的事业，有一定的社会地位……或者像你一样。”

难道平凡真的等于失败，等于满盘皆输吗？

当你走在大街上，看着来来往往穿梭的行人，他们为各自的使命和责任奔波着，可能终其一生也只能平凡地度过，但他们就是失败者吗？

将成功与平凡对立起来，本身就是一个伪命题。奋斗没有错，但绝不能将成功与否作为人生价值的衡量标准。

那么，人生的价值应该由什么来定义呢？

周国平告诉我们：人世间的一切不平凡，最后都要回归平凡，都要用平凡的生活来衡量其价值。伟大、精彩、成功都不算什么，只有把平凡的生活真正过好，人生才是圆满的。

终有一天，平凡会融入生活，成为我们生命中无法分割的一部分，面对它、接受它，本身就是一种无与伦比的清醒与强大。

3

没伞的孩子，只能拼命奔跑

据说世界上有一种鸟是没有脚的，它只能一直飞，飞累了便在风中睡觉。这种鸟一辈子只可以落地一次，而那一次就是它死亡的时候。

01

阿强是我曾经的一个同事，他是单位里公认的正能量、积极的代表。

在我的印象里，他从来没有主动休过假，每天穿着同一件灰色的帽衫，在电脑前面敲敲打打。无论刮风下雨，他都会准时出现在公司里，稳如泰山、坚如磐石，因此，他被其他同事戏说成是办公室里的“吉祥物”“工作狂”。

不知道是不是处女座的原因，阿强在工作上是一个彻头彻尾的完美主义者。即使没有人给他压力，他对自己也是一刻不放松，每天谨小慎微、一丝不苟，为了完成规定的工作任务，经常一熬就是几个通宵。

在他的生活里，似乎没有休息的概念。连普通人正常的娱乐生活，在他眼里都成了不务正业和不思进取。偶尔大家一起相约出去放松，他也总是委婉地拒绝；午休吃饭的时候，大家凑在一起天南海北的闲聊，他也觉得那是在浪费时间。

我们都不明白，年纪轻轻的他，又没有家庭的负累，为什么要这么拼命？他说："我入行晚，已经落在了别人的后面，再加上父母的年纪也大了，不奋斗怎么行？现在社会发展这么快，随时都会被淘汰，只要我一停下来，就感觉自己被身边的人远远地甩在了后面，可能就再也跟不上了。"最后，他黯然地说："我感觉自己已经爬到了成功的半山腰，如果现在放弃，之前所做的努力不就都白费了吗？"

因为急切地想要证明自己，他把自己变成了一只永远无法落地的无脚鸟，甚至失去了很多平凡人的幸福。

02

有一天，阿强在微信朋友圈里发了一段话：多少人，只关心你飞得高不高，而又有多少人，在乎你飞得累不累？

我问他：“是奋斗得累了吗？”

他说：“不是，是奋斗了没有结果累。”

他继续说道：“学了这么多，努力了这么久，自己依旧是那么的平凡。有时候真的后悔，如果当初我没有那么多的野心，是不是就不用吃这么多苦了？真讽刺，累了……”

那一刻，我不知道一直不轻言放弃的他究竟经历了什么，但是莫名的有些心痛。想说点儿什么，于是噼里啪啦在对话框里输入了好长一段话，可最终却按了删除键。

每个人都有脆弱的时候，我没有权利随便评论别人的人生，也许他并不需要谁的安慰，他只是想找个出口发泄一下，然后好好睡一觉，明天依然是充满希望的一天。

我默默地关掉了手机。可是躺在床上，他的那段话却在我的脑海里挥之不去，刺痛着我的每一根神经。

这几年虽然与阿强的生活没有交集，但几乎每天我都能在微信朋友圈旁观着他的生活，看着他每天打卡学英语、健身、看书、参加各种会议……仿佛打了鸡血一般充满活力，每每都让懒惰的我觉得自愧不如。但是，像他这样就可以逃离平凡吗？

很多“心灵鸡汤”告诉我们：没有最好，只有更好，你必须不断超越自己；所谓危机，只不过是因为你不够优秀而已。这些话犹如一条条鞭子，但凡有点儿上进心的年轻人，都被抽得鲜血淋淋，不敢停下半步。

我们这一代“80后”，在骂声中成长，不仅背负着高房价的重压，还要提防生活中随时可能出现的种种状况。同时相信我们经历的所有磨难，都是老天爷对我们的考验。因为“天降大任于斯人也，必先苦其心志，劳其筋骨，饿其体肤，空乏其身，行拂乱其所为……”所以，我们要感谢磨难，并高高兴兴地去迎接每一次挑战，去接受每一个让我们死去活来但又刻骨铭心的考验，等待这些故事成为自己将来吹牛的资本。

我们尝试了一次又一次，成功和失败形影相随，苦辣和酸甜交织体会。因为我们的梦想是星辰和大海，所以选择了一条更难的路。在风雨之中，没有伞的孩子只能选择努力奔跑。

但生活不是励志剧，不是每一个人都有电影那样的美好结局。

我一直鼓励每一个想要改变自己现状的人去努力拼搏，因为这个时代是最好的时代，有太多的机会可以让我们去奋斗，去施展自己的抱负和理想，去实现人生的逆袭，改变自己的生活轨迹。然而，谁也没有向我们保证过，风雨过后一定是阳光灿烂，也可能是更加无奈的大雨滂沱。

03

我只担心一件事，我怕我配不上自己所受的苦难。努力了却没有结果，那奋斗还有什么意义？

我们试图给所有努力安上一个终点，只有跑完了全程，过去的一切才有了意义。但是，生活并不总是如你所愿。很多时候，我们没有办法走完全程，或者跑到了终点才发现自己跑错了赛道。

一个残酷的现实是：人生很多时候，我们做的都是无用功。但是，没有哪种付出是真的无用的，所有的奋斗都会给你一个答案。如果你觉得自己还没有找到答案，那么原因只有一个——你找的时间还不够长。

22岁时，我在一家影视公司做编剧，月薪800元，包午餐。我每天废寝忘食地写，几个月后终于完成了这个剧本。同年，我创作的剧本开始投拍，可是电影上映的时候，片尾编剧下面变成了一个陌生人的名字。

电影上映的那天，我一个人坐在公司，关掉了所有的灯，只剩下黑暗中刺眼的电脑屏幕。这个让我耗尽心血的剧本只换来了3000元稿酬。那一刻，我感觉自己的文学之梦断了。

23岁到26岁，我去了高原，当了一名刑警。在海拔4800多米的川西高原，我骑着马，背着一把81式自动步枪，彻底换了一种人生。

这四年，我去了热门的阿里和珠穆朗玛峰，还有纳木错；去看了庆昭床头的书和善生手中内河送给他的那本《辩证法史》；去了安妮笔下的那个东海边上的小村庄，还去了6000多米的高山上跋涉，看到了无数一天只吃一顿，只带一张毡子、一根手杖，背着虎皮和水壶，赤脚走路的信徒们。

身边的人如走马灯一般，来了又走，走了又来，只有我是其中不变的主角。直到有一天，我也离开了。

26岁那年，我不顾家人的反对，辞掉公职，离开了藏地。

走的那个下午，我坐在大巴上，看着曾经熟悉的路，吹着雅砻江的风，想起共同经历过无数生死的战友，强忍着泪水。这条路很精彩，但不属于我。

回到成都，一切从零开始，一切都回到了原点，仿佛什么都没有发生过。那个没有伞的孩子，在雨里跑得浑身湿透，却发现自己原来跑错了路。但是，我不后悔。

对于未来，我不知道迎接我的究竟是荒漠，还是鲜花。但我知道，若干年后，当我重新审视走过的这些路，我会因为曾经亲手放弃了一目了然的人生，将自己放任于各种可能而感到舒心。很多事情都可以被人复制，唯一无法复制的是经历。

不管成功与否，尽力就好，安心就好，无悔就好。

4 越努力越焦虑

越努力，越焦虑。要么作死别人，要么作死自己。

01

前段时间，我参加了一次聚餐，碰见了迈克尔。

迈克尔今年30岁，有一份外人看来还不错的工作，年薪超过30万元，有车有房。别看他现在业务做得风生水起，曾经他也是个文艺青年，没事就喜欢找我唠唠。

这次见面，感觉他的状态不同以往，变得有些沉默寡言。我便找了个机会问他：“最近有焦虑的事情吗？”

他不好意思地笑了笑，说：“这都被你看出来了，其实也没什么，前阵子老婆想换房，在市中心看中一套带落地窗的大房子，说是为将来的孩子做准备。现在养孩子成本这么高，一想起来就让我有点儿焦虑。”

“原来是为这事儿啊，其实也没你想象的那么夸张，咱们小时候条件那么苦，现在不也挺好的吗！”我以过来人的身份安慰他说。

他摇了摇头，说：“现在跟咱们那会儿可不一样了！从奶粉到学校，再到补习班，别家孩子有的，咱孩子肯定是不能落下啊！我其实觉得这些都没啥用，但身边的人都在追求这些。比车子、比房子、比孩子，其实想想也挺没意思的。”

“你知道，我以前是个没什么物质欲望的人，但现在彻底变了，我觉得自己就像个拉磨的驴，老有东西在前面诱惑着我往前走，但总也走不到头儿。现在虽然有钱了，但我发现自己越来越虚伪，越来越焦虑，如果有可能，我真希望自己能换一种生活，只要能养活自己，然后平平淡淡地过一生，就好了……”他说得如此真切，让我没法对他的话有丝毫辩驳，我也完全能理解他。

物质追求是个无底洞，年薪10万元的时候，你会渴望年薪20万元的生活，等你真的挣到了20万元，又想赚30万元。

人的目光所及之处，总会有一个更好的东西。可能是更好的西装、更高档的餐厅、更大的房子、更炫酷的跑车……仿佛你只要再努力一点儿，就能得到。

无数次告诉自己：得到这个就停止。但在这个世上，更好的东西却永无止境。由此而产生的焦虑也源源不断，永无止境。

其实满足的感觉并非遥不可及，满足的源头就在我们心里。我们的祖辈在物质生活并不充裕的年代却能够感到满足，这是因为他们的内心是丰盈的。如果你觉得只能通过外界去得到满足，那就永远没有尽头了。

02

小鹿在草原上吃草，吃完就离开；野花在山涧中盛开，花开又衰败。为什么只有人，会有想出人头地的强烈欲望呢?

英国的知名作家阿兰·德波顿说：“生活，就是用一种焦虑代替另一种焦虑，用一种欲望代替另一种欲望。”

不管我们是一帆风顺、步步高升，还是举步维艰、江河日下，都难以摆脱这种恐惧。

朋友小文是朋友圈里最幸福的贤妻良母，但最近，她却总打电话向我诉苦：一边抱怨先生不帮忙管孩子，一边抱怨孩子越来越淘气，根本管不住，偶尔还会絮叨一下某某同事总在明里暗里跟她比幸福、秀恩爱，想不烦都难。

在外人看来，小文的婚姻是令人羡慕的。通过夫妻两人的艰苦打拼，终于在这个大城市里拥有了自己的一席之地，不仅有房有车，还有一个活泼可爱的儿子。但是，物质的提升并没有带来更多的幸福感。相反，她每天都感觉生活充满了危机和不安全感，焦虑如影随形。

小文搞不明白，她已经这么努力，怎么生活会变成这样？

03

积极心理学大师托德·卡什丹曾讲过一个“流沙生存指南”：

如果你在野外发现有人正站在流沙中，他正一边呼喊一边挣扎着求生。你想要去救他，但此时，你的身边没有任何绳子、树枝等可以借力的工具。那么，怎么做才是正确的求生方法呢？

正确的答案是：什么都不要做。你唯一能做的就是跟他说说话，让他冷静下来。

因为流沙与坚硬的土地不同，当人们掉入荆棘丛或泥坑时，可以采用走、跑、跨、跳、跃的方式摆脱困境，但在流沙中，这些方式并不适用。因为当你抬起一只脚时，身体的重力全在另一只脚上，受力面积会变为原先的一半，从而加快陷入流沙的速度。

很多事情都有它自己的发展规律。比如去救溺水的人，对于有经验的施救者来说，要做的第一件事就是将溺水者打晕，否则一旦他奋力挣扎，可能会使施救者也陷入危险之中。

如果一个人懂得流沙陷阱的原理就会知道，此时最正确的自救之法是停止挣扎，试着放缓呼吸，平躺下来，慢慢地舒展四肢，以增加身体与沙子的接触面积，从而放缓下坠的速度，争取救援的时间，甚至还可以找机会从流沙里滚出来。

自救，是人的本能。就像要一个溺水的人，无法克制住自己想要挣扎的动作一样。当困境来临时，人总是本能地想尽一切办法来自救，这种想法是非常合理的。除非我们已经看到了救助者的来临，或者意识到自己的挣扎会将自己带入死路。

归根结底，人是渺小的。不管你认为自己多么聪明，抑或现在的科技已经发展到了什么水平，人所知道的终究还是沧海之一粟。我们永远不可能知道事情完全的真相，很多事情我们只能看到现状，只是把握事物的已成之局，而不能预料其将成之势。所以，人们常常做出错误的、不符合事物发展规律的判断。

不挣扎了，与流沙妥协，不代表自我放弃，而是放弃那些我们原本就得不到的东西，转而追求那些自己能够把握的东西。一个人的能量是有限的，不断与流沙斗争，最终的结果只能是让沙子埋葬自己，最终连那些原有的也失去了。

04

有人说，人会成长三次。

第一次成长，是在发现自己不是世界中心的时候。

每一个初生的婴儿都觉得自己是世界的中心，周围的人对自己都有求必应。然而，当他们逐渐长大，当某些诉求开始得不到父母的回应，在外界屡屡碰壁的时候，他们意识到别人的存在，开始放下自恋，有了自己和他人的概念。

在这一阶段，当我们意识到自己并不能成为世界的中心，也没有能力掌控世界，只能改变自己的时候，我们经历了人生第一次“无能为力”。

第二次成长，是在发现“即使再怎么努力，有些事情终究还是无能为力”的时候。

当人慢慢长大，开始对外界有了更多的索求。然而，很多时候，人们会拥有与自身能力不相匹配的欲望，却没有将欲望转化为动力的能力。通常在失败之后，才意识到自己的力量太渺小。这个阶段的接受过程，比第一阶段要复杂和痛苦得多。

第三次成长，是在“知道有些事情会无能为力，但还是会尽力争取”的时候。

当我们开始陷入欲望的流沙，尽力挣扎却越陷越深的时候，不妨先冷静下来，看清自己能力的局限，了解自己真正的需求。

在经历了很多冒险之后，我现在的生活其实相对来说比较简单，我也十分喜欢这种自己可控的生活。而且我还算是一个心态比较平和的人，清楚地知道自己的分量，所以直到现在，每天依旧坚持跑步、游泳，然后会抽一个小时的时间来写东西，剩下的时间会用来阅读。

面对失控，越努力、越用力，到最后就会越无力。随遇而安，减少自身的控制欲和贪婪，把决定权更多地让给自然和命运。这听起来似乎很消极，但却是适应与生存的积极应对策略。有时候，我们必须要学会与自己的欲望和焦虑和解。

5

害怕平凡的人，都是平凡的

这个世界上最平凡的事，就是渴望不凡。

人们往往害怕自己淹没在普罗大众中，泯然众人矣，所以期待自己与众不同。可如此一来，可能就不得不面对一个痛苦的事实——自己并没有期望的那样超凡脱俗，那样出众。

过去，曾经以为自己是宇宙中最独一无二的存在，自己的思想是绝无仅有的，自己的所作所为应该会惊世骇俗。但是实际上，这可能只是一种对外界缺乏了解的坐井观天般的自大罢了。

平凡是一个人的本真，也是生活的本真。

那些叱咤风云的大人物，在幕后过的也一样是平凡的日子，他们把成功和荣誉看得非常淡。因为他们在得到这些之后，往往会发现这些只不过是虚空，凡事最终都会返璞归真。所以，平凡并不需要去害怕，平凡就是真相，不凡才是梦魇。

01

16岁，我上了高中。

因为高一、高二暂时没有升学的压力，时间仿佛一下多了起来。为了消磨时间，也为了追求当年的“班花”，我决定用文字记录下这段岁月，写出了我人生的第一本书——《边缘》。

小说完成后，我将这部作品送去参加网络上举办的原创作品大赛，未能获奖。但很快，一家出版社的编辑通过邮箱联系到我，表达了希望出版此书的意愿，但没有稿费。

我没有丝毫的犹豫，因为当时我认为这是报复低看我的人的最好机会。所以，在我16岁那年，我出版了人生的第一本书。

不知道你有没有发现？

我写了这么多文字，几乎满篇的“我”。这是因为，我真的很怕，你看不到“我”。

02

为了证明自己不会泯然众人，人们往往会做出一些与众不同的举动，然后享受着自己特立独行的勇气，享受着旁人错愕不解的目光，就此认为自己已经成为宇宙中最引人注目的一颗星星，而别的星星都在我的光芒下黯淡无光。

这个世界终于等到了我，这个时代终于迎来了我，行动吧、表现吧，成功正在向我招手，创造历史的人选正虚位以待。

高三那年，正当所有同学都在为高考而忙得焦头烂额的时候，我决定一个人去北京。我想考中央戏剧学院，我想考北京电影学院，因为我要当中国最牛的编剧！

2005年，我18岁。坐了三十多个小时的硬座，我终于到达了北京西站。

那天晚上，我住在左家庄一个招待所有暖气的地下室里，40元一晚。隔壁房是一个刚从北京理工大学毕业的大学生，他的房间没有暖气，只要25元。房间拥挤，衣物众多，气味纷杂。讲话口音天南地北，来京目的各不相同。我们靠在我房间的床边，一边抽着烟一边聊着天。那时候我心里想的是，我一定不会像他们一样。

我在地下室住了五天，因为北京电影学院的笔试延期了，原先计划在北京待的天数也被迫延长。因为我的预算有限，所以我每天只能吃一顿饭，才能够有回老家的路费。后来，北京电影学院的笔试通过后，为了省钱，我从地下室搬进了一家美容店，每晚只要20元。这家店白天做美容美发，晚上就会给我腾出一张床出来。没错，就是那种有个洞放脸的床。参加完北京电影学院的笔试，我路过工人体育馆，那天正好是刘德华的演唱会。票贩子凑了过来，原价500元，折后只要300元。

刘德华是我最喜欢的歌手，他的所有歌曲我都会唱。但可惜我没有钱。演唱会开始后，突然下起了瓢泼大雨。我就站在工人体育馆外面，听了一整场刘德华的演唱会。我一边听着，一边看着空荡荡的街道，突然就哽咽了。那一瞬间特别想回老家。第二天，中央戏剧学院的笔试我也过了。

为了赚钱，我去五道口的肯德基找了一份兼职。清晨挤地铁上班，人和人之间没有任何空隙，空气里充满各种怪异的味道，我不知道是怎么进的地铁，也不知道是怎么出来的。因为进去之前以为肯定进不去，出来之前以为绝对出不来。车厢里都是和我一样的人，每天都要花费两个多小时在通勤的路上，并且要忍受难以言喻的拥挤。

北京的冬天特别冷，当时也没钱买羽绒服，穿着从南方带过来的唯一一件可以御寒的厚衣服，时间久了总是要洗的。有一天早上出太阳，难得的好天气，于是我立马把那件衣服洗了，晾在外面，然后就去上班了。到下午快天黑时突然下起了大雨，我心想这下完了，衣服晾在外面肯定淋湿了，得连续好几天穿着单薄衣服上班了，然后就一直焦灼不安地工作到下班。

下班回来后，我意外发现有人在衣服上套了一个很大的塑料袋，遮盖得严严实实，衣服一点儿没被淋湿。可想而知，我那天心情的畅快。我很感谢那位好心的人，虽然不知道他是谁，但是每次想起，心里很是温暖。

遗憾的是，北京电影学院和中央戏剧学院的复试我都没有通过。

我回到成都后参加了高考，数学成绩12分。然后在成都的一所艺术学校念了三年专科。再后来，我做了三年刑警，现在成为一名自由作家。

03

现实是一面反光镜，透过现实的镜子，我们看到别人眼中的自己究竟为何物。很显然，别人眼中的自己，既不高大伟岸，也不聪明绝顶，更不是不可或缺的旷世奇才。

在世人的眼中，可能你不是一株灵芝，而只是一棵小草；你不是一枚钻石，而是一块玻璃碴。他甚至不需要知道你的名字，因为你只是一个灰暗的无名背影。

大学专科三年，除了写了一大堆被几十家出版社退稿的小说和一张明晃晃的降级警告外，还献出了自己的荧屏处女秀。

那个时候念大一。一天下午，班长突然找到我，说："香港电视广播有限公司（简称TVB）有一部电视剧需要演员，你是否有兴趣呢？"我装作一副目中无人的样子，问她："主演是谁？"班长说："方中信。"那一瞬间，我突然意识到小人物逆袭的时候到了，我可能要火了。

那天下午，我花了一个星期的生活费去做了一个发型，再找表演系的一个哥们借了一套衣服。

晚上八点，春熙路。方中信、杨怡和伍咏薇一下车，耳边都是粉丝的尖叫声。我骗自己，这尖叫都是冲着我来的。

导演组很快架设好机器，副导演告诉我："你的戏就是从春熙路的这边走到那边，再从那边走到这边，然后再折回。"晚上十点，在领到30元的片酬后，我回到了学校。然后我便开始等待我的银屏处女秀。

几个月后，电视剧终于在香港翡翠台播出了。又一个月后，我在学校小广场的地摊上买到了电视剧《建筑有情天》的光盘。回到寝室，我从第一集开始慢慢看。

第一集，第二集，第三集……一直到第八集，都没有看到我，我甚至又重看了两次，还是没有发现我。终于在第九集看到了那熟悉的场景：熙熙攘攘的春熙路，热闹的高邦旗舰店。我兴奋地站了起来——我要出现了！

23分05秒，我终于出现了！这就是我的荧屏处女秀。只是，让人遗憾的是：我只有一个背影。

有时候，看着路边盛开的花朵，我会为它们打抱不平，害怕它们还没有被人看见，就把一辈子的芳华耗尽，浪费了最美丽的时光。

但是，也许是我并不了解花的生活，就像我不了解自己一样。

山谷里的无名野花，或许过着一种平凡的生活，但却足以让它们快乐到展示出自己最美的一切，而我却无法在这平凡中汲取力量，直到十几年之后，才看清自己当初到底错过了什么。

6 我不想赢，只是不想输

2019年的大年初一，韩寒拍摄的一部新片上映了，叫作《飞驰人生》。在大家激烈讨论这部电影的时候，他在微博置顶的文章中写了一句话："这部电影最大的反派，就是那索然无味的一生。"

01

从十几年前的《飞驰吧，少年》到今年的《飞驰人生》，韩寒对飞驰似乎有一种执念，连电影里面的主人公都被他起名叫作"张弛"，还和儿子"张飞"一起，组了一个"飞驰组合"。不过，这次飞驰的不再是少年，而是一个年近不惑的中年赛车手。

这部电影延续了韩寒一贯的拍摄风格，讲了一个简单的故事，大意是：一个蝉联六届冠军的赛车手，因为遭遇变故跌落神坛，且被禁赛五年。年近四十的时候，他带着六岁的儿子复出，想挑战年轻一代的赛车手以夺回荣誉的故事。

我不是影评人，无法评论电影的好坏，我只想谈谈我看到的人生。

在电影的前半段，这个跌入人生谷底的赛车手，一群被生活暴击的中年人，为了夺回曾经的梦想，放下了尊严和面子，搞出了一连串令人啼笑皆非的闹剧，非常恰到好处地迎合了春节档电影阖家欢乐的氛围。但我知道，这不是韩寒想要表达的全部。

果然，到了电影后半段，情绪急转直下。当张弛不顾一切地驾驶失控的赛车冲出护栏、奔向太阳的时候，我想起了电影《末路狂花》的结尾：路易斯和塞尔马相视一笑，踩下油门，朝大峡谷纵情一跃。同样是为自由和梦想牺牲，《末路狂花》飞出了对自由的渴望，而《飞驰人生》跃出了对信仰的奉献。

然而，巴音布鲁克没有海，heroes never die（英雄永不磨灭）。

韩寒用一种半开放式的结尾，仁慈地给大家留了一丝希望，但结局究竟如何，韩寒没有明说，我们也就假装不知道。

02

“你为什么一定要赢这一回？”

“我没有想赢，我只是不想输。”

巴音布鲁克，紧挨悬崖的赛道，1400多个弯，救援飞机和应急车随时候场，不能保证安全的惊险赛事，车手们在100多千米的赛道上分秒必争。

在这个比赛中，所有的选手都是独自出发，一路上看不到对手，只能看见自己，像极了我们的人生。

在这部情节简单的电影里，韩寒巧妙地避开了“昔日王者复出，逆袭改变人生”的常见套路。同样身为赛车手的他，即使在这个人物身上倾注了再多的感情，也没办法对抗残酷的现实：一个五年没有实战、赛时没有领航员的过时赛车手，除了拿命博，怎么能赢得了一个如日中天，精力、财力都在顶峰的冉冉新星？

张弛同样明白这一点，所以，他从来没有想赢了林臻东，他只是不想输给生活。

03

当张弛将速度加到极致冲出山崖时，一直克制着没有煽情的导演，给了张弛一个梦幻无比的画面。腾空而起的汽车、灿烂耀眼的太阳、波澜壮阔的大海，让我不禁想起了《希腊神话》中悲剧的伊卡洛斯。

伊卡洛斯是代达罗斯的儿子。有一天，代达罗斯使用蜡和羽毛造了两对翅膀，准备带着儿子一起逃离克里特岛。

出发前，代达罗斯对伊卡洛斯叮嘱道：“你要当心，必须在半空中飞行。你如果飞得太低，羽翼会碰到海水，沾湿了会变得沉重，你就会栽在大海里；要是飞得太高，翅膀上的羽毛会因靠近太阳而着火。”

然而，伊卡洛斯头一次获得自由，不由得兴奋起来。于是，他操纵着羽翼朝高空飞去。结果，因为过于靠近太阳，他双翼上的蜡融化了，一头栽落下去，掉在汪洋大海中，万顷碧波把他淹没了。

《末路狂花》般的结尾，夸父追日似的悲壮，在电影里，导演用充满感情的画面，给了张弛一场伊卡洛斯式的陨落。

不管是张弛，还是伊卡洛斯，也不管电影的结局到底如何，在他们做出这一决定的同时都已打定好主意：甘愿为了自己所追求的事物献出自己的生命。多么浪漫而又悲壮，让人热血沸腾。

但同时响起的歌词，却蕴含着导演对人生的另一种思索，当张弛将生命奉献给梦想的时候，耳边响起的却是：“我拿什么奉献给你，我的爱人；我拿什么奉献给你，我的朋友；我拿什么奉献给你，我的小孩；我拿什么奉献给你，我的爹娘……”

04

电影终究不是生活，当林臻东对张弛说：“你为什么这一次非得赢？”

他不是想要张弛放水，而是想对他说：“你还有很多时间，还有孩子，还有父母，还有兄弟，还有……你本可以下一次赢，甚至可以在我离开国内赛场后每场都赢，为什么偏偏要为了赢得这次比赛，赌上自己的性命呢？”

如果在现实里遇到这种情况，张弛完全可以再做一年的准备，次年选择复出；或者头年拿个差不多的好名次，次年得到车队和更好赞助商的青睐，这才重返巅峰。刚复出，条件这么差还想夺回冠军，真的就只能是燃烧生命——以命去换取了。冠军和命，不可兼得。

然而，这道题没有正确答案，而是张弛的自我选择。或者，换句话说，他没有选择，这是他身为一个赛车手的使命。

在小说《月亮和六便士》里，斯特里克兰因为迷恋上画画，放弃了中产阶级的优渥工作，抛妻弃子，固执地开始了自己的绘画人生。他曾贫病交加，靠朋友接济才渡过难关，也曾沦落街头成为码头工人，最后他又自我流放去了太平洋的一个小岛，最终死在了那里，将自己与作品付之一炬。

有人说他是浪子、疯子，有人说他是追求纯粹理想的艺术家，但用他自己的话来形容，他觉得自己“必须画画，就像溺水的人必须挣扎”，像“被魔鬼附了体”，连他自己也无能为力。

月亮和六便士。月亮代表精神世界，六便士代表世俗生活。

但是，毛姆在这本书里并不是想告诉我们，人人都应该仰头看月亮，而不要低头去捡六便士。因为人生而不同，子非鱼安知鱼之乐，你没法去评判别人的快乐、选择和生活的意义。

有的人的快乐是皎洁的明月，灿烂的太阳，哪怕飞蛾扑火也甘之如饴；有的人的快乐是六便士式的，俗世安宁，岁月静好，就是幸福的真谛。

05

在电影《飞驰人生》中，除了张弛，还有他的搭档孙宇强。

他说：“我这个人，没什么故事，初中、高中，没人喜欢我，我也不喜欢别人，父母身体一直都很好，没发生过任何意外，什么车祸什么的都没有，没考过研，没打过仗，没在KTV里唱哭过小姐，没有逼良为娼，也没有劝妓从良。”这就是他平凡的一生，但他心有不甘，所以，一个电话就将他从原来的生活中拽了出来。

但在电影结束时，他狂奔到荒原，号啕痛哭。在他的一生中，终于有了一个故事，虽然他可能希望这个故事从来也没有过。

如果说张弛想在生命中创造一个故事，孙宇强想在生命中寻找一个故事。那么，真正活在故事中的人，大概只有叶经理。

他有过辉煌，有过算计，有过挫折。他曾违背过对朋友的承诺，也会站在楼梯上清唱一首《光辉岁月》。两个中年男人，站在夕阳下，用沙哑不成调的嗓音，用力地唱出心声。唱完之后，张弛

继续往上走，追逐他的梦想，一直到最后取得胜利，冲出悬崖；而叶经理则走下阳台，继续在生活的漩涡里搏击，等待赚够了钱就去马尔代夫旅游。

没有背景音乐，没有大幅的煽情，没有任何背景加持，甚至没有天赋，这大概才是大部分人的人生。

月亮与六便士，没有谁比谁更高贵。每一个从小城市到大城市奋斗的年轻人，都是一名勇士；每一个甘愿留在小城市建设家乡的年轻人，都是一名善者。

“勇士”和“善者”绝对不是一组对立的词语，大城市和小城市也各有各的优劣。对于不少“90后”来说，大城市能给你一个缥缈的上限，小城市能给你一个可靠的下限，就是这样。到不了的都叫远方，实现不了的上限，只能是蹉跎岁月。

如果一个人喜欢安稳的生活，那么你不要试图鼓励他去冒险，相反，如果一个人天生喜欢冒险，你也不要诟病他的不切实际。人和人之间的差异就是这样，没有优劣之分，只有本性之别。到最后都会发现，穷尽一生，我们都不过是为了满足自己的本性，都只是想要按照自己的本性生活而已。

遵循自己的内心，月亮或者六便士，无论你选择哪一种，都是幸福的。

命运从不妥协，能妥协的只有我们自己

YUZIJIWOSHOUYANHE

1

想象的尽头不是痛苦的开始

小时候，大家都觉得自己的未来闪闪发光，不是吗？但是长大后才发现，不少事难遂自己心愿。

01

“你是什么时候开始相信命运，向命运妥协的？”在知乎的这个问题的下面，有几百条五花八门的答案。

有的人说，自己从小就热爱科学，立志成为一个科学家，梦想着以后可以穿梭时空，把撒哈拉大沙漠变成撒哈拉大森林。后来，因为学习成绩不好，父母要求自己学文科，这就意味着以后将与科学、与研究失之交臂。为了证明自己可以学理科，他努力学习了一个月，立志要在文理科分班前的最后一次考试中考进百人榜。

最后，他真的考出了历史最好成绩，但特别倒霉的是，老师把他的答题卡弄丢了，判错了成绩，以致名落孙山。

那晚，他和父母无休止地吵了一整夜，最后，妈妈对他说了一番话："我相信你这次的成绩确实有了进步，但如果你一直这么努力，也就不会有今天的争论了……也许，这就是你的命。"

他淡淡地说，在那一刻，妈妈的这句话让他真真切切地妥协了。后来，他成了一名插画家，再后来，就没有后来了。

只是在偶尔的时候，他会臆想一下：在世界的某个角落，会不会有另一个我，过着我梦想中的生活。

还有人说，自己学的是医学专业，实习时遇到的第一个病人是一个漂亮的小姐姐。虽然这位患者才21岁，但身患先天性疾病，能活到现在已实属幸运。大家都为她的遭遇而惋惜，但她却非常积极乐观，每天努力地生活，把每一天都当作上天对自己额外的恩赐。

看到这样残酷的人生，这位实习医生内心受到了极大的震撼。后来，随着对医学研究的越来越深入，他说自己意识到了一个可怕的事实，那就是：优胜劣汰，物竞天择，人的力量与天相比，实在太过渺小，哪怕看似一切都掌握在自己手里，却不知一切都是命运。

在那一刻，他选择接受命运，既然世界如此无情，人类能做的也只有该干吗干吗，努力过好每一天。

关于人生中与命运妥协的时刻，每个人都有自己的故事。

有人说得很简洁，那个时刻是在："你努力，你奋斗，但每次都抵不上别人运气和家庭优越的时候。"

有人说得很搞笑，那个时刻是在："生日那天，没有猫头鹰通知我去霍格沃兹的时候。"

有人说得很隐晦，那个时刻是在："高考填志愿，她选择复旦，我选择复读的时候。"

……

对于这个问题，一千个人可以有一千种答案。在直面生活之前，每个人心中都不免想把自己当成励志故事里的主人公，希望自己有朝一日可以出人头地，走上人生巅峰。

然而，世事无常，我们通常在经历了生活的摸爬滚打之后，要面对"无可奈何"的结果。人生就是各种各样我们不得不接受的无奈，直到那个向命运妥协时刻的到来。

02

我曾经也与这样一个黑暗的时刻迎头相遇。16年前，16岁的我出版了人生中的首部长篇小说。

那一年，"80后"作家群体刚刚被人所熟知。应出版社的邀请，我跟四川的另外一个"80后"作家一起来到了中国传媒大学。

那是一次相当特别的体验，出版社将包括我在内的六位“80后”作家分别安排在六个不同的房间进行主题交流和演讲，读者可以选择自己最喜欢的那个作家，走到他的房间里与他面对面的交流。

除我以外，他们都是来自于新概念作文大赛，从《萌芽》杂志走出来的作者。可想而知，根本就没有读者知道我是谁。那天的记忆特别深刻，我的左边是张悦然，右边是那个和我一起坐了二十多个小时火车来京的四川作家。他们的演讲大厅里坐满了读者，等着签售的“粉丝”排起了长龙。当然，我是后来才知道那个四川作家是郭敬明。

我的报告厅里除了一个维修电灯的修理工之外，没有一个人，这使我非常尴尬。我等了很久，终于陆陆续续走进来十个人，我觉得终于有个台阶可以让我下了，非常高兴。在我主题演讲的过程中，有九位观众都站了起来，我以为是被我的精彩演讲所打动。但遗憾的是，他们再也没有坐下。偌大的展厅只剩下我和一个读者，失望中仍有一丝感动。

我说：“这位同学你好，谢谢你，请问你有什么问题？”

他说：“郭敬明那边队伍太长了，我站累了，过来歇会儿。”

你可能会认为，这就是我要讲的所谓至暗时刻，然而你猜错了。16岁的我锋芒毕露，年少成名，初生牛犊不怕虎，根本没有把这些小小的打击放在心上，我天真地相信，我以后一定可以超越他们，取得令所有人都仰望的、了不起的成就！

03

我的这一坚定信念一直持续到9年前。我记得我用了几年的时间写了一部长篇小说，《成都商报》有个记者问我："你如何评价自己的这部作品。"我脱口而出："超越陈忠实的《白鹿原》。"

那年，满怀憧憬的我带着这本刚写好的小说，独自从绵阳坐了三十多个小时的火车，来到北京和出版商见面。在一个偏僻的咖啡馆里，我和他喝了两个下午的咖啡。最后，我强装笑容地起身，离开。是的，我又被拒绝了。

这已经是被我写废的第三本书了。打开邮箱，还有九十八封退稿信冰冷地躺在我灵魂的深处。

站在北京西站的天桥上，城市的夜，华灯闪烁，一人一影徘徊街头，行色匆匆的人群谁都没有多看我一眼。因为是春运，回去的火车没有座票了。我买了三瓶二锅头，像个乞丐一样坐在两节车厢的连接处，先是哭，再是笑。

这么多年我一直在努力地码字，做梦都想出一本畅销书。为什么我一直失败，而有些人却能轻而易举地获得成功。为什么有些人出生就可以不为生活所忧，而我却需要？

我想不明白，索性就不想了。后来，我放下一切，去了川西高

原做了一名普通的警察，曾经握笔的手拿起了枪。

再后来，那些年被出版社拒绝的作品都获得了出版。我坐在光彩熠熠的卡洼洛日雪山下，耳旁是风鸣般的诵经声。

在佛光闪闪的高原，我突然明白了一件事：生活不是想故意刁难谁，向命运妥协不是认输的表现。觉得自己是普通人和向命运妥协更是完全不同的两码事。

04

在《被嫌弃的松子的一生》中松子看着夕阳，说了这样一段台词：

“只要是女人，无论是谁，都憧憬童话中那可爱的白雪公主、灰姑娘，可是却不知道哪个地方的齿轮不对，未来憧憬成为白天鹅的，醒来却发现变成了黑压压的乌鸦，但是人生却只有一次，如果这是童话的话，那这童话就太残酷了。”

“梦想是自由的，但是实现梦想，度过幸福一生的人少之又少。因此，绝大部分没有那么幸运的人，要么伤心地长吁短叹，要么沉醉于悲伤中；要么草草地了结一生，要么笑着搪塞过去；要么将错就错走向犯罪，不论走哪条路都是前途渺茫。”

其实哪里只是女人呢，所有人都曾有过这样的感受。

每个人都曾誓言改变命运，但在某些时候，却又不得不向命运妥协——“工作非常无聊，但比较稳定，就这样混日子吧”“即使不是自己喜欢的人，也试着交往看看吧”……

妥协就这样在不知不觉中发生，梦想也就这样悄悄地在指尖滑落，悄无声息地摔个粉碎，甚至都未听见它的声音。从踌躇满志到浑浑噩噩，我们曾经经历了坚持和纠结，当灵魂经过一夜又一夜的拷问后，有人扫扫梦想的碎片，将它倒进了垃圾桶里；有人学会造梦，用虚妄的幻象回避自己真实的失败，总是不甘心承认。

想象的尽头不是痛苦的开始，而是真实生活的开始。

有些想象之所以会成为幻想，可能正是因为我们不了解它，而只有真实的东西，才具有最饱满的生命力。虽然，从空中跌落凡间的过程会让我们经历一些痛苦，但只要努力调整姿态，最终总会安全落地。也许在将来的某一天，当你再次抬头看的时候，才发现飞翔在天空中的是鸟，生活在地上的才是人。

2

取悦他人，只会迷失自己

我们曾如此渴望命运的波澜，到最后才发现，人生最曼妙的风景，竟是内心的淡定与从容……我们曾如此期盼外界的认可，到最后才发现，世界是自己的，与他人毫无关系。

——杨绛

01

不止一个读者向我问过同一个问题："跟那些从小就有宏图大志的人不一样，我一直就知道自己是个平凡的人，喜欢过简简单单的小日子，但周围的人在不停地赚钱，换房子换车，这显得我特别不思进取。但我又不知道该怎么办，到底哪一种是对的？"

在回答这个问题之前，我想给大家讲个故事：

从前，有一个画家，他一直期望画出一幅让世人交口称赞的作品。这一天，他完成了一幅自己觉得很优秀的作品，想拿出去听听大家的意见。

于是，他把画摆在路边，旁边放上一支笔，并说明：亲爱的朋友，如果你认为这幅画哪里有需要改进的地方，请不吝赐教，并在画中标上记号。晚上他把画取回来一看，整个画面被标满了记号，没有一笔不被批评指责的。画家心里很不是滋味。

第二天，他又画了同样的一幅画，仍然放在路边，同样放上笔，不过这次上面写的说明是：亲爱的朋友，请将你最欣赏之处标上记号。

结果，当他这次收回画时，画上面同样是满满的记号。只不过，这一次都是赞美的记号。画家释怀了，因为他终于明白，无论你做什么事，都会有人批评，有人赞赏。

最终决定事物好坏的，不是他人的批评或赞赏，而是你本人。

02

这个世界永远不缺少评论家。尤其当这个评论家又是你最在意的人的时候，压力可想而知。

我第一次深刻地感受到这种压力，就是辞掉公职。

大学毕业后，我的写作之路屡屡碰壁。我不顾父母的反对，毅然决然地选择了离开成都。我手捧着一纸艺术类大学的专科文凭，戴着近700度的眼镜，拿着每月800元的工资，我下决心要凭借自己的努力改变命运。

偶然的机会，我得知了全国政法干警招录考试的消息。卧薪尝胆四个多月，我冲过了犹如千军万马过独木桥般的公招考试，如愿成为了一名国家公务员。

我的父母都是普通的铁路工人，家中突然有了这么一位身穿制服的人民警察，真可谓是一件让祖辈脸面有光的大事。所以，父母大宴亲朋邻里以示庆祝。席间，亲友说着各种鼓励祝福的话，那一刻，我瞬间变得牛气哄哄的，觉得自己肩负维护群众平安的重任，恨不得马上化身为惩恶扬善的超人。

邻居们也纷纷成为事后诸葛，说早看出我天资聪颖，他日必成大器，云云。其实我在大学胡混了三年，最后抱着“不想整天累得跟孙子似的”的想法，努力了四个月，便打了一场漂亮的翻身仗。

然而，这个给我带来无限荣光的工作，也并不都尽如人意。一个阳光明媚的中午，我突然决定辞职。那天，即将结束一天工作的我，脑子里突然冒出了一个问题：人活着究竟是为了什么？

我呆坐在警车里，望着奔腾的雅砻江，辞职的念头就这样再也抹不掉。我觉得自己再也不能这样下去了。我已经25岁了，如果再不离开这里，以后我就只能一辈子待在这里，不断重复前一天的工作。但从今以后，我不想再受任何外在的束缚，我要去做自己喜欢做的事。我已经25岁了，知道自己在做什么。我会根据自己的良知去追求我认为有价值的目标。

当母亲知道我辞职的消息后，狠狠地给了我一巴掌。

03

在这之前，所有人都以为我的人生就将这样平淡而又稳定地走完。刚大学毕业的我，一来就被分在了许多老干警都羡慕的刑警队，从警一年便拿到了痕迹检验工程学助理工程师的职称，独立承办挂牌督办的重特大案件……后来我也想过，假如我不辞职，我会在三年后拿到副科级，再过五年，或许能解决我的正科，再过十年，到副处级也是有可能的。但我没办法欺骗自己。

为了满足外界的期待，很多人在听到不同的意见后都会努力修正自己、完善自己，希望自己身上不会再有缺点而招来那些负面的信息。但是，痛苦就从这里开始了，因为你会发现，这种修正是个无止境的深渊，深不见底。你不断地修正自己，却不断地有新的问题冒出来，又会有人指手画脚。你总是无法让所有人满意。

写武侠小说的金庸先生，他的武侠小说自出版以来就有一大批忠实的“粉丝”，但是也有人对他的写作方法进行抨击，很多媒体就等着看金庸大动肝火的那一刻。但没想到的是，金庸并没

有如他们所愿，而是发表了一份对媒体的公开信。信中他是这样说的："上天待我已经太好了，享受了这么多幸福，偶尔给人咒几句，命中该有，也不会不开心的。"轻描淡写的几句话，就将质疑化为无形。

你做的任何事情不可能让所有人满意，如果过于在意他人的观点，只会弄得自己手忙脚乱，最后失去方向，忘记了自己原本的想法。

经过近半年的考虑和权衡，我向领导递交了辞职申请，没有跟任何人商量。我永远不会忘记，2009年12月15日，我第一次走进四川警察学院，穿上那件梦寐以求的警服时激动的心情。那时，我告诉自己，这一身警服我一辈子也不愿脱下。可是现在，我决定离开了。

在我的辞职报告得到批准的那个清晨，所有人一如往常，但对于我来说，这一天将是一段旅程的结束，又或者是另一段旅程的开始。在此之前，我要站好最后一班岗。

早上九点，我进门和传达室的大爷打了声招呼，然后上楼去办公室。办公室里，其他的同事也陆陆续续来了，我把桌上的灰尘擦掉，然后倒了杯水。一天的工作开始了，先整理了我主办的一个案件卷宗，补充现勘照片。接着去看守所向两名犯罪嫌疑人宣读执行逮捕通知书。下午两点将回执交到检察院后，向副局长汇报案件进展，接着和冯哥去技术室打扫卫生。五点三十分，大队只剩下我一个人。

离开岗位前，我确认已将手上正在办理的案件及公共财产全部交割清楚之后，关门、转身，摘下警帽、脱下警服。

害怕面对离别的我背着比来时已经轻了许多的行囊，悄然离开了这座工作了三年的高原小城，独自坐上了开往成都的大巴。望着窗外开得正艳的格桑梅朵，高原的每一瞬间都历历在目，我终究还是没有忍住泪水，但我的心中没有后悔。

二十多岁的我认为平凡就是无能。但是到了现在，我觉得比起不平凡带给我们的艳羡、惊喜、激动，平凡却让我们对这个世界充满了敬畏和温情。现在似乎想得更简单和透彻了，平凡也好，不平凡也罢，人生就只有这么短的光阴，所以要先取悦自己，再去取悦别人。

04

一个敢于追求自己的梦想而不人云亦云、随波逐流的人，是非常勇敢、非常难得的。因为，大多数人通常为了追求群体的认同而放弃了自己的真实想法和自然倾向。他们说这就是生活的代价，放弃自己实属无奈之举。因此，一个能够勇敢选择自己方向的人，无疑是坚强自信的。

然而，就是这样一个开始前进的勇士，也逃不开人性的束缚。

他也会和其他人一样，在赶路的过程中累了、倦了、乏味了、麻木了，他也会被眼下的柴米油盐、左邻右舍所影响。

有时候心里明明有着对自我的定位，却因为外界的环境影响而动摇，不得不选择妥协。所以，有机会做出选择时，就要去追求自己想要的。无须有过多的负担，也无须过多的考虑，这本身就是一种幸运了。

所以，我不但不后悔，反而心怀感恩。感谢上天让我还年轻，还有自由的本钱。我为自己高兴，走错了路还可以掉头重走，我是自己生命的掌舵人。

有的选择总是伴随着痛苦，因为这里面不单单涉及你自己。当我向父母讲完我辞职的决定后，心情异常的压抑，忍不住号啕大哭。

我哭什么呢？我哭，是因为自己被家人误解，误解的本质是反对；我哭，是因为自己使亲人失望；我哭，也是因为脆弱的我在必须坚强时，需要用眼泪来释放压力；我哭，还因为本性乐观的我，眼泪里也能哭出阳光。我哭自己终于摆脱了内心深处对他人意见本能的屈从，终于获得了按照自己意志去选择的精神自由，终于撕破了自己与生俱来的总是骗爸爸妈妈“我在这里挺好的”那种温情脉脉的虚伪，还哭自己从此终于可以走自己的路了。

平凡也好，成功也罢，只要是能走上自己心之所向的路，就无所谓结果。

因为人生最重要的不是结果，过程才是我们存在的本身，过程才能证明我们曾经活过。不管成功或者失败，一切终要归于平淡。只有当你看清自己并勇敢地做出选择的时候，你才不会患得患失，才不会浪费过多的心思去忧虑。这样的你才会过得快乐、过得满足、过得安心、过得真实。

人人都在嘲笑平凡、恐惧平凡，殊不知，活出真实的、平凡的自己，比活得庸俗、势利难多了。

当你选择普通人生的时候，你可能已经放弃了取得非凡成功的可能；当你顶着优秀的冠冕选择安逸生活的时候，你可能已经失去了成为最杰出人士的机会。这笔账到底该怎么算？

人们总是把平凡想象得过于寒碜，但它可能是一件老旧却温暖的粗布棉袍。又有人把成功想象得过于光鲜，但它可能只是一条漂亮却单薄的丝质外衣。这一切只不过是表象，寒冷或温暖只有你自己知道。

成为你真正想成为的人，追求你真正想追求的生活，做你真正想做的事，因为没有人能感知你幸不幸福。如果他们不能理解，那也就无须想方设法让他们理解，时间久了，答案自然会出现。

在这样一场人来人往、灯火辉煌、觥筹交错的派对里，其他人不过是过客，只有你一个人才是其中唯一不变的主角。

3 终于，活成了自己最讨厌的样子

当有一天，沉默内向的人开始推杯换盏，痴情专一的人变得浪荡不羁，寻找自由的人固守在一方小天地里画地为牢，追逐梦想的人亲手折断了自己的翅膀……

01

朋友小C最近刚刚当上爸爸，真是人逢喜事精神爽，看见谁都喜上眉梢。这种反常的变化让我颇为震惊，甚至在微博上偷偷关注了四川地震局——天有异象，不得不防。

毕竟，这位朋友在几年前还对相亲嗤之以鼻，甚至坚定地宣称：结婚就是对自己的一种犯罪，养育孩子就是放弃自己的人生，打死我也不会过你们那种俗不可耐的生活！

没想到，他那些震耳欲聋的名言警句犹在我耳边嗡嗡作响，他自己倒是忘了个干净，如今天天在微信朋友圈晒孩子照片，还要拼成九宫格。

每当我们拿这件事打趣他时，他都会用温柔的语气说："本来确实是不喜欢的，但血缘这个东西真是奇妙，等真的有了，就越看越顺眼了，来来来，你看看我儿子的这张照片……"

邻居小D是个文学爱好者，从小就把写作当成了自己的职业方向。因为我16岁出书的"事迹"，他把我当成了偶像。后来，我毕业后离开成都，独自北漂，为了生计当"枪手"，在起点中文网上写网文，千字5元。那年，出版行业已经开始变得不太景气了，拖欠稿费是常有的事。所以，后来我放弃了自己的坚持，开始给人攒些垃圾书稿，当然稿酬也是开得极低的。

偶尔回家和小D谈起事业的窘况，他明显沉默了很多，甚至匆匆聊了两句就无话可说。最后，他对我说："你变了，文学不是这样的，如果我以后工作了，绝对不会像你一样。"

从那以后，我们很多年没有联系，直到有一天，我在老家偶然遇到他，我们站在一个路口进行了简短的交流。他没有成为一个作家，甚至连尝试一下都没有做到，直接进了一个体制内单位，现在虽已衣食无忧，但什么文学之梦早就忘到爪哇国去了。

他还记得曾经跟我说过的话，不好意思地笑了笑说："我真的挺佩服你的，等我后来真的面临选择了才知道，要放弃那些东西到底有多么难。”

02

而我，也是到了30岁之后才发现自己的变化。与横冲直撞、一无所有的二十多岁相比，30岁后的我最真实的状态就是不穷了，有钱了。但自己竟然也变成了过去最讨人厌的模样：变成了胖子，头发越来越少，对很多事都提不起兴趣，也失去了憧憬，想做的事扭扭捏捏，半天无法落地。经常因为应酬而醉酒，而后几天都提不起精神。有时候，无意间在镜子中看到自己的形象，心里都会泛出一丝鄙夷，看着当初那个清瘦的小伙子，转瞬间变成了如今挺着啤酒肚的大叔，不免唏嘘。

但现在的我距离30岁也不过才过了两年的时间。如果说30岁前我是个攀登者，出过书、得过奖、传过奥运火炬、上过电视、拿过枪，对平凡生活嗤之以鼻；那么，30岁以后的我渐渐变成了一个守护者，为工作鞠躬尽瘁，为家人遮风挡雨，学会了在酒桌上和不认识的人推杯换盏，也不会再为了一时的冲动而失去理智。

19岁的时候，头顶着“少年作家”的名号一个人来到成都上大学，初生牛犊，目中无人，心中装着种种不安宁的梦想。时常在睡梦中为这些幻想激动着，暗暗地为这些东西规划出种种过程与结局，再为它们设计色彩和谐的外衣。然而蹉跎岁月，终究变成了失落。生命也在这些往返中消逝，微波不起。

其实，在我心里清楚地知道一个事实，我非但不是精英，可能连基本的生活常识都没有。没有显赫的地位，没有渊博的知识，就像一只忙忙碌碌的小蚂蚁。于是，只能接受被安排好的生活，不敢无视生活对我的馈赠。

虽然仍旧有很多光环的照耀，我却真切地感受到了自己的泯然众人。

03

“人终究会变成自己曾经讨厌的样子。”

最近这段时间，这句话在不同的社交媒体上刷屏。很多人借此怀念青春的流逝、现实的残酷，有人还特别引用北岛的诗来表达自己理想主义的凋零：“那时我们有梦，关于文学、关于爱情、关于穿越世界的旅行。如今我们深夜饮酒，杯子碰在一起，都是梦破碎的声音。”仿佛现实社会里的俗世生活多么对不起他们似的。

在网友们集体唏嘘的背后，是越来越多人对平凡人生的鄙夷和恐惧。

打开微信朋友圈，到处是朋友们热火朝天的生活图景：有人获得了投资，风头正盛；有人出国旅游，吃喝玩乐；有人买了大房子；有人嫁了金龟婿……微信朋友圈的繁盛掩盖了生活的无聊，组成了我们对这个世界新的认知，我们将这些对外展示的幸福当成了生活本来的样子，甚至不知不知觉中提升了我们对幸福的阈值。

琐碎的生活中，很多人都极力避免成为一个油腻的中年人。但油腻和年龄无关，人们其实讨厌的不是油腻中年，而是普通中年，讨厌自己在中年还一事无成，只能淹没在时间的洪流中，被柴米油盐熏得面目模糊。

初闻不知曲中意，再听已是曲中人。当我们对平凡生活批判的同时，你真的了解过你所谓的讨厌吗？

04

有人说：“讨厌是稚嫩迈向成熟的鸿沟，跨越了是成长，掉入了便是挫折。”当你发现自己已经变成了自己最讨厌的模样，或许不是因为堕落，而是因为成长。

我们之所以会讨厌自己现在的模样，是因为现在这个平凡的自己与理想中的自己渐行渐远，我们彷徨失措，却又无可奈何。于是，我们将这种无法与现实和解的愤怒转向自身，渐渐形成了对自己的厌恶。就像我希望经过快速地调整能回到我最初的模样一样，我希望自己每天都有想写的东西，有爱看我文字的读者，自己想做的事情能马上就去做，因而我特别讨厌那个拖泥带水的自己。

然而，成长从来都不会因为讨厌而消失。它就像一条鸿沟，跨越了，是收获；退却了，是妥协。当我们开始对那个平凡的自己怒目而视，从不满到厌恶的时候，不妨冷静下来，回头寻找当初那个最纯真的自己。其实他一直站在原处，等待着你的寻回。

世界上只有一种真正的英雄主义，那就是在认识生活的真相后，依然热爱生活。

过去那个不知天高地厚、怼天怼地的“熊孩子”，也许是因为年少无知，不肯去换位思考他人的难处；那个成年后被放弃的梦想，不一定是失去热血和勇气的证明，相反，可能是找到了真实的自己。当你真的活成自己讨厌的样子之后，也有可能会发现，原来自己之前讨厌的人有他的苦衷。

就像林黛玉在贾府当着养尊处优的大小姐，对前来打秋风的刘姥姥嘲讽之时，肯定也没有想到贾家会有落败之时，自己精打细算却吃不起一两燕窝的时候。可能在某一个秋风秋雨愁煞人的夜里，她也会对自己曾说出“母蝗虫”三个字时的刻薄样子充满后悔。

从另一个角度来说，长大后，活成了自己曾经讨厌的样子，并不是一件非常糟糕的事情。阳光下，你有看到自己的影子；阴暗处，你和影子融为一体。这是真实的生活，这是真实的你。

05

当扎着丸子头的窦唯被人们发现在小饭馆里吃面、旁若无人地在地铁里睡觉、骑着电动自行车四处走街串巷的时候，吃瓜群众沸腾了：看啊，王菲的前夫竟然这样落魄！

挤地铁、骑电动自行车、吃麦当劳、素面朝天、穿着随性……这本是一个正常人最普通的生活状态，但人们却无法接受。他们不接受自己变成自己最讨厌的模样，也不接受曾经的偶像变成自己最讨厌的模样。更令人震惊的是，窦唯竟然还过得怡然自得，这简直是疯了。

对此，窦唯的回答是这样的："我是想过一种很普通的生活，因为我觉得无论是当歌手还是做音乐，都是很普通的事，是一种很普通的生活形式，没有必要把它弄得好像就高人一等似的，或者弄得特悬乎，我觉得完全没有必要。我对做音乐的理解是：我所从事的只不过是我有兴趣和擅长的事情。仅此而已，再简单不过了。"

也许曾经的窦唯也曾讨厌过平凡人的生活，但如今留在大家印象里的他，是骑着电动自行车载着女朋友，慢悠悠穿过市场；是戴着帽子，安静地观看王菲的复出演唱会，再默默离开。曾经的恩怨情仇，终于融成了平和安定生活的底色。

那一刻，不是生活打磨了我们，而是我们终于理解了生活。

4 人间不值得，人生值得

01

第一次从朋友那里听到“人间不值得”这句话的时候，再配上他一副看破红尘的样子，我听得是一头雾水。后来才知道，这句话的出处是某位脱口秀演员，原话是：“开心点儿朋友们，人间不值得。”从此，这句话就成了很多文艺青年的人生箴言。

我突然想起了在某个综艺节目，马东和蔡康永谈到“原谅”这个话题。马东说：“随着时间的流逝，我们终将会原谅那些曾经伤害过我们的人。”蔡康永回答道：“那不是原谅，那是算了。”

“算了”“人间不值得”，我把这两句话翻来覆去地念叨，似乎咂摸出了一丝异曲同工的滋味。

遇到挫折了，受到伤害了，今天不开心了……但你人微言轻，什么都不能做，那还能怎么办呢？纠结到最后，无非是一句算了，或者在深夜给自己开一听啤酒，对自己说一句："开心点儿，人间不值得。"

02

人间为什么不值得？因为糟心的事太多了。

相爱已久的情人最终因为家庭的阻力，离自己而去；拼搏已久、蓄势待发，临上战场却因病被取消资格；公司运营平稳，上下员工团结一致，突如其来的金融危机让我们不得不依靠裁员来降低财政支出……一切的一切无一不告知我们，无论做了多么充足的准备，无论积攒了多少的能量，有些东西就是人力所不能及，让我们无可奈何。

一年有四季的交替变换，每天也都有阴晴不定、变化莫测的天气，人生更是如此。

有的人忙碌一生，一辈子勤奋刻苦、埋头苦干，到头来却贫困潦倒，未获得同等的回报；有的人脚踏实地、认真守则，可遇人不淑，以致默默无闻。可有的人，懒惰无能，却凭溜须拍马，金钱地位名利双收。

有的人为了达成一个目标，深思熟虑、费尽心思、殚精力竭。

能做的都做了，等待喜迎硕果的时候却突然半路杀出个程咬金，所有的努力转眼全都白费，心中筑起的高楼也瞬间坍塌。正所谓“万事俱备，只欠东风”，可是东风将我们拒之门外，我们面临的也只有功败垂成、前功尽弃。

如此种种，人间百态，这类的故事我们听得都麻木了。

是的，人间真的很难。付出不一定会有收获，付出不一定会得到真心，正义不会迟到，但可能会缺席一会儿。既然努力没有用，那干脆就不要努力了；既然付出得不到珍惜，那干脆就不要付出了；既然人间不值得，又何必难为自己？

03

很多人在成年以后常常抱怨，抱怨自己再也没有小时候那样快乐了，甚至不希望自己长大。

其实，不是你不想，是你已经不敢了。我们习惯于把老成世故、喜怒不形于色当成内心强大的标志，而凡是天真的东西，都被我们当成羞于示人的弱点隐藏起来了。你对这个世界充满了小心和疑虑。所以，你觉得越来越不快乐，因为内心深处有一种东西丢掉了，即使得到再多的身外之物，心灵也还是空虚的。

一个人拥有天真很容易，但保持天真却很难，尤其是在受到伤害以后，保持天真更是难上加难。

人的心理都有一个保护机制，在受到教训时，就会建立起自己的防御机制。在这种“闭关锁国”的机制下，虽然抵挡住了伤害，但也抵挡住了生活中很多快乐的能量。心是不能封闭的，你可以增长你的见识，但不可以封闭你的内心。经验要丰富，因为这个世界还是充满荆棘的，但心地要单纯，因为你还要用真心寻找世界的善良。

那个说出“人间不值得”的脱口秀演员，在读大学时是个悲观的文艺男青年，喜欢在微博上写诗和小说。

有一次，在一个访谈节目中，主持人问他：“最喜欢哪个时代？”

他不假思索地说：“我觉得所有的时代都一个德行，都得死，但我必须喜欢现在这个时代，因为这是我生活的时代。”

都说人间不值得，但你还能去哪儿呢？人生是不公平的，去习惯并接受它吧，请记住，永远不要抱怨。

当你慢慢长大成人，你会发现：没有人在意你的无奈，没有人理会你的委屈。抱怨，除了让现实的生活更难之外，没有任何作用。当一切既定成为现实，我们学会的第一件事，就是接受。

面对不值得的人间，我们可以埋怨苍天不公、命运不义，也可以振臂高呼：人定胜天。但是，如果仅仅因为这个而愤愤不平，终日心绪不宁，那生活的意义就完全变质了。

有一份调查数据表明，人的生命中有五分之一的时间是在抱怨中度过的。如果这是事实，那真是太可怕了，我们竟然浪费了这么长的生命在为别人的错误而发牢骚。

04

就算人间不值得，但人生值得；就算人生不值得，但你最值得。

经常听到老人家说一句话，叫作“生死有命，富贵在天”。好像人的一生中是成是败，多少都有着一番天意的指引。无论你对眼前的结果黯然神伤、无奈接受，还是奋起拼搏，最终都得接受平凡的命运。

虽然这句话听起来很“佛系”，消极悲观的情绪里掺杂着些许的无奈，但它却真真切切地道出了人生路途中的至深哲理：没有人能够百分百掌控自己的人生。

我们要尽最大的努力去争取、去拼搏，面对途中遇到的坎坷我们要总结，面对曾经犯下的错要悔改，就算结果不如意，我们也不曾遗憾。正如庄子所言：“依天从命，因顺自然。”

所谓的“听天命”当然不是要我们不努力、不奋斗，整天卧于家中坐等天上掉馅饼，而是要调整心态，理智地接受不能改变的现实，重新整装待发。

人间太大，人生太短。在这个巨大的星球上，人是极其微小的生物，如果只靠我们自己的力量想做成所有的事情，并都以成功收尾，那并非容易之事。因此，如果一件事情我们想做并做成了，那是天道酬勤，我们应该感谢上苍的恩赐；如果失败了，那也只能说是天公不作美，就当是上苍给予我们的一次考验吧。

05

不尽人事，焉知天命；而尽人事，则好之欣喜，坏之坦然。

人在大自然的面前是脆弱的，人在生活的面前也是渺小的。但是，人类就是这样一代一代在地球上繁衍了数百万年，而且日渐兴旺。人之所以选择在苦难的人间继续活下去，就是靠着一种信念和希望，只要一有机会，人就会创造出美好的生活，让自己的梦想得以实现。

上天有的时候的确是不公平的，或许你的付出不一定马上就能得到回报，但不管你在什么岗位上，如果你不付出努力，那你肯定不会取得成功。如果很不幸，你恰恰是那个付出了却没有得到回报的人，也没有关系。虽然你暂时没有得到回报，但这次的付出却可以让你变得更加优秀、更加成熟。

这种实现希望的快乐吸引着我们活下去，我们时刻等待着创造出无限的可能。或许我们将在某些逆境中忍耐很久，但我们愿意相信，未来的某一天，终究会证明这一切都是值得的。

人生是一个不断接受的过程。接受自己是一个平凡的人，接受这个世界比我们想象的还要复杂，接受不公平的事随时都在发生，接受我们的付出往往要高于我们的所得，接受我们可能永远都无法实现梦想。

接受不是妥协，而是逐渐地认清——我们当下的生活，就是最值得的生活。

5

这个世界没有应不应该，只有愿不愿意

“她这么辛苦种田就是为了每天这么吃啊？”

“对啊，人生不就是这样吗！”

——《小森林冬春》

01

我的家乡在四川绵阳，一座含情脉脉的西南小城，去哪儿都不用走太远的路。这里四面环山，嫌累就坐三元钱的三轮车，几乎可以逛完全城。

我的父母都是普通的铁路工人，初中毕业后各自接了长辈的班。从工务段到客运段，从互不相识到自由恋爱，然后有了我。我出生在铁路大院的筒子楼里，一条长长的走廊两端通风，走廊上镶嵌着次第排开的房门。

沿着走廊前行，每个狭小的格子就代表一户人家，每扇门里都演绎着不同的故事。有的人在这里结婚生子，有的人在这里度过童年，那些五味杂陈的时光成了许多铁路子弟的回忆。

所有人都认为，我以后应该接父母的班，然后按部就班地过完平静的一生。但是，我不愿意。

02

从警队辞职后，我用身上仅有的一点儿积蓄去三亚疯玩了一把。

后来在三亚的一家广告公司干了三个月就辞职了，然后去了本地的一家企业工作，再然后我回到成都。有好长一段时间，生活似乎陷入了一种无奈的循环。

我跟认识的人讲自己的经历，他们总会扼腕叹息：公务员那么好的待遇，你这样放弃了，真是可惜。

印象最深刻的一次，我到亲戚家做客，吃饭的时候我随口抱怨了一句盐放多了，亲戚在一旁插话："有饭吃就不错了，以后父母不在了，就靠你每天在家里写作，吃得起饭吗？"

大家都认为公务员是个"铁饭碗"，能拥有这样的工作简直是光宗耀祖，我应该收起不切实际的想法。

03

辞职后，我不断地尝试新的生活方式和事业领域，经过几年的积累，我的公司逐渐走上了正轨。

很多人都说："你看，你现在混得越来越好了。"然而没有人知道我每天写稿子忙到半夜两点才睡觉，第二天一大早还得爬起来做微信公众号。看我忙得焦头烂额，有些朋友私下里给我支招："现在有名就意味着流量，你得学会变现。你应该在读者还没有忘记你的时候，多利用名气赚点儿钱，哪用这么辛苦？"

但是，我不愿意。以至于有很长一段时间，我一本书都没有出版，有读者问我新作什么时候问世，我也含糊其辞。正是有这些可爱的读者，我才越不能降低对自己的要求。

相对于聚光灯下虚幻的生活，我更喜欢生活得简单、可控一些。有时候我会参加一些不拿报酬、纯贡献的工作。虽然一分钱也不拿，但看到自己的提案落地转化，真正帮助老百姓解决一些事、帮助国家和政府解决一些事，心里也会非常开心。

04

有人说我任性，说我毕竟是个成年人了，就应该过负责任的生活。

可是什么是成年人呢？成年人就是应该坚持做自己不愿意的事吗？什么又是负责任的生活呢？难道把自己不愿意做的事数十年如一日地做下去，就是负起了责任吗？是谁说“愿意”与“责任”就会相违背呢？一个成年人难道不应当具有更清晰的判断吗？难道他不应该更加了解自己吗？难道他不应该具有独立做出判断和选择的能力吗？难道全身心投入自己愿意做的事并把它做好，这不算是过着负责任的生活吗？

我讲这些，并不是想标榜自己的独特或成功，只是我们经常在别人的期待中忘记了生活的本质。

突然，想起一个老掉牙的故事：

海边住着一位钓鱼技术十分高超的大爷，每天上午钓鱼，中午拿到集镇上大约可以卖2000元，然后下午就悠闲地看书、听戏或者四处散步。

对此，镇上的一位小伙子十分不解，他找到这位大爷，问道：“您钓鱼技术这么高明，为什么每天只钓半天，剩下半天不去钓鱼呢？”

大爷反问：“我为什么下午要继续钓鱼呢？”

小伙子继续说道：“您半天钓的鱼就可以卖2000元，那您下午继续钓，每天就可以卖4000元。两三年后，您就可以买一艘大船进行捕鱼，收入就会更高，十几年后，你还可以组建一个船队，收入更是不菲。您为什么不这么做呢？”

大爷放下手中的书，问：“如果我按照你这样说的做了，那时我的生活会是什么样子？”

小伙子思考了片刻，回答说：“如果您愿意，那时的您应该就可以每天看看书、听听戏、散散步了”。

大爷笑着反问道：“你说的这些，现在的我就可以做到，为什么要等到十几年后呢？”

05

当我面临具有诱惑的选择时，都会不由自主地想起这个故事，然后问自己：如果我是那个技艺高超的钓鱼人，能不能经受住这种诱惑？

一开始，我觉得我做不到，因为我脑海中总会出现一个超我，告诉我应该去追逐更高的收入，应该去追求正常的家庭，而不是满足于当下的生活，否则就会被人看不起。但后来，我的回答变成了肯定，因为这个世界没有应不应该，只有愿不愿意。

就像乔布斯在斯坦福大学毕业典礼上说的那样：“你的时间有限，不要让别人意见的嘈杂声淹没你自己内心的声音，勇敢地去追随自己的内心和直觉，它们从来都知道你真正会成为什么人。”

在所有面对平凡生活不满的背后，都有一个你认为的“应该”。但你有没有问过自己，你真正愿意过的生活是什么样子？

所有的答案最终都指向同一个真理：我们真正想要的生活，不过是幸福。

幸福是什么？有人说：“幸福就是猫吃鱼，狗吃肉，奥特曼打小怪兽。”如果问一个高三的学生，他会说：“能好好睡上一觉就是幸福。”如果你问《天龙八部》里的虚竹，他会说：“我生平最快乐的地方，是在一个黑暗的冰窖里。”……每个人对幸福的理解和感受都不一样，它的标准随每个人的定义不同而不断变化。

真正的幸福永远只存在于我们内心的最深处，只有向内走，问道于心灵，才能真正拥有幸福，与所有外在的东西没有一点儿关系。

如果你感觉灵魂与生活已经背道而驰，不妨停下来审视一下，是不是已经把很多原本愿不愿意的问题，回答成了应不应该。

6 变得优秀依然奔跑，不是为了证明什么

01

与一般人的成长轨迹不同，从16岁出版第一本书开始，我就频频登上各大媒体的头条，并享受到出名带来的各种荣耀和便利。对于当时一直默默无闻的我来说，这些铺天盖地的荣誉是我存在于这个世间的证明，我第一次感知到了自己的存在。

但是，那个时候的我绝对没有想到，这些曾经让我引以为豪的关注，竟然会在日后演变成一场灾难。

2007年9月，当时我还是一个影视学院大二的学生。虽然有了一点儿名气，但经济上非常窘迫。那个时候，身边的很多朋友都靠着网络推广发家。这对于我和朋友来说是一个诱惑，更是一个机

遇。于是，有一个朋友提议，不如大家一起开一家文化公司。

这个提议很快得到了大家的认可，因为我们其中的一个朋友曾经在一家推广公司工作过一段时间，对业务有一定的了解。而对于出版，我比较有把握，圈内的朋友也比较多。大家越说越高兴，当即决定成立一家主营出版、推广的文化公司。

几个没有丝毫社会经验的年轻人走出了校园的大门，幻想着美好的未来。我们想把这家公司做大，做成中国最牛的文化公司。

公司成立的初期，我们对未来信心满满，还在成都郊区租用了一间每月500元租金的写字间，从二手市场买来了办公桌，然后将自己的电脑搬到了办公室。从那个时候开始，我们走上了创业之路，制定好了公司的业务项目：推广、出版。我们单纯地以为，凭借着年轻的活力和不服输的精神，就能打下一片天地。

起初一个月，我们确实做得不错，我的长篇小说《黄土镇》已经和一家出版社签约，公司也慢慢地步入了正规。

可惜，好景不长，几个月后当初创业的激情慢慢淡了。几个年轻人没有资源，没有强大的资金，加之又缺乏经验，文化公司出现了亏损。我们承认，我们太稚嫩了。梦想这条路，比想象中更难。与此同时，我与几个合伙人的经营理念也起了冲突，权衡之下，我决定退出公司，专注学业。

创业浅尝辄止后，我重新回到大学校园，过上了安逸的大学生活。那一年，距离我的第一本书出版，已经有六年的时间了，仅凭一本高中时代创作的稚嫩小说，已经难以给我带来任何的惊喜和成就感。于是，我重新拿起了笔，把所有精力都花在了另一部小说的创作上。

那个时候我还不知道，一场即将摧毁我生活的风暴已经正在酝酿之中。

02

2008年年初，一篇名为《网络诈骗犯廖宇靖》的帖子在某个热门网站发出，帖子中称："廖宇靖是骗稿子的贼。经常在网络上冒充出版社发帖子征稿，骗作者的稿子，然后还冒充出版社的编辑跟作者聊天。当得知作者没有在网络上发表文章后，他就消失了，然后将自己的名字属上，就去寻求出版。"

帖子发出后，引起了出版界甚至文坛的一片哗然。大家纷纷议论："80后"作家廖宇靖竟会通过这种方式骗稿敛财?

起初朋友将这个帖子转给我的时候，我并没有在意，以为只是某个人的恶意炒作罢了。我想，身正不怕影子斜，管那么多干吗，他们想怎么说就怎么说吧。但让我没想到的是，这件事情会在媒体的推动下持续发酵，一时间，网络上扑天盖地地出现各种关于我诈骗的帖子。

消息很快传到了学校，学院的领导非常重视，多次找到我询问关于我骗钱、骗稿这件事的来龙去脉。那段时间我简直要崩溃了，随之而来的作协问责和学院的开除警告，更是让我五雷轰顶。

我记得，当时我坐在校长的办公室里，像个犯人一样接受众人的询问。在校长的身旁坐着许许多多的学院领导。那个时候的我，已经做了最坏的打算。我知道，开除已经在所难免了。当同时面对那么多人的质问，我连反驳的力气都没了。

刚开始的时候，我试图在网络上发出自己的声音，但我一次又一次的声明，却没有人聆听我的声音。我发现，人们有时并不在意真相，更不在意别人的辩解，他们只愿意相信他们愿意相信的东西。

无边无际的诽谤，给我的生活带来了极大的负面影响。不但出版社解除了与我的新作《黄土镇》的出版合同，还有许多记者想针对这件事采访我。

一个刚二十出头的小年轻人哪见过这种场面，我不敢再上网、不敢去学校、不敢见人，各种亲戚朋友的问询已经快把我的电话打爆了。父母听说这个消息也是急火攻心，尤其是父亲，每天顶着骄阳把那些报道我负面消息的报纸买回来，除此以外，他一点儿办法也没有。

无奈之下，我关掉手机，一个人躲在出租屋里度过了整个冬天。

那些虚无的名声与光环，不仅没有成为证明我的勋章，反而变成了摧毁我的利器。面对谣言，我无能为力。但真相永远只有一个，人活着能做到问心无愧就行。我决定，既然无法发出自己的声音，那就无须多言，让时间来证明一切。

03

半年后，公安机关给学院传来了事件的调查结果：在网络上诈骗、骗稿的不是廖宇靖，而是当初和他一起创业的朋友。

与此同时，原北京奥运会火炬手协调办的主任也出来澄清："网络上出现了廖宇靖诈骗的消息后，我们立即协同公安刑侦、网监等部门进行调查核实，因为廖宇靖作为2008年北京奥运会火炬手，是我们整个国家的形象，如果真的有问题，坚决拿掉。经过我们的调查，廖宇靖没有任何问题，作为一名奥运火炬手，他也是绝对够格的。"

时间终于还给了我清白，这个时候我才知道，原来这件事竟然是当时合伙开文化公司的几个朋友做的。他们将征集来的稿件标上我的名字，拿出去推销，才闯出这弥天大祸。

由于情节轻微，这些犯错的朋友只是受到了口头和罚款的警告，但我的生活却被网络暴力生生瓦解了。名声毁了，写作生涯毁了，出版社把我加入了黑名单，读者把我当成了骗子，我该怎么证明自己？

我感觉自己已经失去了活着的意义。

我开始想，我活着到底是为了什么？什么对我才是最重要的？想来想去，我发现逃不出一个“名”字。我太看重名声了，太看重别人怎么看我了。我为什么这样焦虑？这一切是人的正常反应，还是我太希望自己完美无瑕？这一次，思考并没有给我答案，但是生活很快给了我一个答案。

04

在我仍沉浸在骗稿风波中无法自拔时，家乡发生了特大地震，即举国关注的汶川大地震。

地震发生的那个下午，似乎是有预兆的。天气异常闷热，一丝风也没有。我正和同学们在金沙博物馆做实习采访。当时我穿着短袖和牛仔裤，走在采访队伍的最后面。我戴着耳机，耳机里传出的是博物馆导游的讲解。

队伍走得很快，我在最后面看着花花草草。进博物馆的那一刹那，我抬头望了望天空，依旧如往日那般阴沉。该来的总会来，在地震发生的那一刻，大家一窝蜂地向外面跑去，天花板上不断掉下的异物狠狠地砸在我的头上、身上。

我不知道发生了什么，大脑一片空白，甚至连逃跑都忘了。当我走出博物馆的那一刻，我的身后已经没有人了。我坐在地上，把头深深地埋向两腿之间，泪水掉进了土里，再也寻不见它的影子。

第一轮地震结束之后，我疯狂地给家里打电话，直到用完最后一格电。我以为我的父母已经死了，或许当时正埋在一片废墟里，我不顾余震的威胁，立刻赶往了回绵阳的客运车站。

回到绵阳，万幸的是父母还在，只是母亲受伤了，家也已经没了。这个时候，已经来不及去估算损失，我的脑海里反复出现着安县、北川的影子，我的耳旁总是出现那些因这次地震离开世界的朋友们的声音。那段时间，父亲说得最多的一句话就是："活着就好，好好活着。"

汶川大地震对我的改变，不仅仅是家中的房屋被毁以及母亲受伤，更重要的是从灾难中我看到了人活着的意义。

在生死关头，什么名声、什么清白、什么损失、什么前途，统统消失得干干净净，那一刻我才发现，这些曾经认为最重要的东西居然那么虚无缥缈。当你命都要没了的时候，你不会想跟谁去证明什么；当你的家人生死未卜的时候，你更不会去想别人是怎么看你的。当你在一片碎砖烂瓦的废墟上仰望漆黑的夜空的时候，你只能听见自己的呼吸和心跳，任何人在那种情况下都会瞬间明白，什么是活着。

05

在这次地震中，那台存满了我所有书稿的笔记本电脑被摔得粉碎，坚持了长达十年的文学创作也戛然而止。大学毕业后，我去了甘孜州，成为一名最普通的人民警察。

那里物质匮乏，一年洗不了几次澡，还经常停电。有的时候下乡办案，一去就是一个月，这也就意味着这一个月里我都会和外界“失联”。

有一天，我办完案子从乡下往县城走，刚走到有信号的地方就接到了母亲的电话。透过电波，母亲的声音有些失真，她不停地哭泣：“你去哪了这一个月，我们联系不上你，以为你出了意外。”她继续说：“你能不能继续写小说，就写你在藏区的生活，让我和爸爸知道你每天过得怎么样。”

也就是在那个时候，我决定重新拿起笔，哪怕只是为了母亲一个人，即使我的文字永远都不会再被出版。这一次，我决定孤独地再次走上写作之路，但我再也不想证明自己什么，我知道，我无力改变任何人，也无权改变任何人。这一次，我只想做一个生活的记录者。

如今，再次回到公众的视野之中，我的心态已经有了很大的改变。我依然是我，依然坚持着写作、慈善和文化事业，依然有时会听到一些质疑的声音，但我已经不在乎了。因为，我终于明白生活是自己的，变得优秀依然奔跑不是为了证明什么，只是为了成全每一刻的自己。

每一个努力生活的人
都值得尊重

YUZIJIWOSHOUYANHE

1

成熟的标志之一，是原谅自己的无能为力

佛说，人生有八苦：生、老、病、死、爱别离、怨憎会、求不得、五阴炽盛。翻译过来，就是生老病死，爱别离，怨长久，求不得，放不下。对应生活中我们觉得无能为力的事——爱而不得、时光不再、物是人非、埋怨纠结……莫不如此。

01

小E是我的一个学弟，小我5岁，尚未婚配。

有一天晚上，他神秘兮兮地给我发来消息，说自己为情所困，急需我替他指点迷津，给他一记当头棒喝。

像这种救人于水火的事情，我自然是义不容辞。“是哪家的姑娘，竟让你青眼有加？”我问道。

他支吾了好久，才说："也没有啦，就是公司新来的一个同事，长得那叫一个好看，据说也是单身。我以前听你说有一见钟情还不信，现在算是彻底体会到了。从看她第一眼开始，我把我们俩以后孩子的名儿都起好了。"

一想到这个胡子拉碴的男人满眼花痴的样子，我背后就有一阵寒意，赶紧鼓励他说："喜欢就去追，不然被别人捷足先登，你后悔都来不及。"

他那边沉默了一会儿，说："哪儿有我追的份儿，听说她爸爸是某个地方的领导，追她的人都是非富即贵。"

我说："别这样妄自菲薄，你的条件也不差，既踏实又努力，工作也不错。追她的人那么多，她还单身，不正说明她不看重这些吗？"

"要是再早几年，我也是这么想的，觉得自己比上不足、比下有余，很多事情只要我想做就一定能做到。但是现在，我真的觉得自己特别渺小，这么多年，我第一次觉得自己如此无能为力，我后悔以前没有更加努力，现在她值得比我更好、更优秀的人去爱她……"小E如是说道。

我问他："既然你已经决定退出，那还纠结什么呢？"

他说："虽然我心里是这么想，但还是忍不住关注她，我觉得那些号称喜欢她的人根本没有我这么爱她。我担心她太单纯，遇到'渣男'，可我又无能为力，什么都不能做，心里特别痛苦。"

都说恋爱里的女人智商为零，我看恋爱里的男人连脑子都没有了。

他的这几句话听得我心头起火："都什么年代了，你还演这个琼瑶剧。喜欢就表白，不喜欢就拜拜，如果姑娘愿意，那就是两情相悦，刀山火海都拦不住你们；如果姑娘不愿意，你这就是癞蛤蟆想吃天鹅肉，别把自己说得跟情圣似的。"

我噼里啪啦说完，他那边半天没动静。难道是我说得太重了？

我刚打算好言安慰他几句，他那边发来一句话："你说得对，我痛苦了这么多天，是自己跟自己演了一出独角戏，以为自己是悲剧的男主角，但她完全蒙在鼓里。其实，我并没有自己想象的那么喜欢她，我只是更在意自己罢了。"

02

生活里，很多人都喜欢说"无能为力"，高傲着说、谦卑着说、痛苦着说、微笑着说……

这句话仿佛成了一块遮羞布，掩盖了虚伪、懒惰、自私、冷漠，把对方推到一个不可企及的高度，然后让自己站在道德高地上上演了一出悲情的大戏。

其实，我觉得喜欢说这几个字的人都挺自恋的。

“无能为力”的反义词是什么？是“积极进取”吗？不是，是认为自己全知全能、勇往直前，像超人一样可以拯救世界。

因为我爱你，所以你也应该爱我，否则就会伤心地说“我无能为力”；因为我努力了，所以必须要成功，否则就会愤恨地说“我无能为力”；因为我付出了，所以上天必须给我奖励，否则就会委屈地说“我无能为力”；因为想要过不凡的生活，所以将现在平凡的自己贬得一文不值，否则就会痛苦地说“我无能为力”。

当这四个字被说出来的时候，往往会伴随着不甘、失望、委屈、自怜等情绪，甚至还包含着一丝愤怒——我该做的都已经做了，已经无能为力了，你还要我怎样呢？

在这些复杂的情绪背后，似乎还隐藏着另一种含义，就是认为自己可以“有能为力”，认为自己应该“有能为力”。

但是，世界这么纷杂，人类这么渺小，在很多事情面前都会无能为力，这不是很正常的事吗？

无论是生老病死，还是爱别离、怨长久、求不得、放不下，随便拿出一个，我们都无能为力。

03

人们经常说，一个人成熟的标志是承认自己的无能为力。而我认为，一个人成熟的标志是原谅自己的无能为力。

在人的一生中，谁都难免会经历一些无能为力的时刻，这并不意味着对自我的否定，而是对梦想的修正。接受自己的无能为力，不是无奈地接受，而是接受自己并不是全知全能的事实。

小的时候，我们只是从最简单的感官方式来认识世界，当大人问到我们的梦想时，我们总是搬出所有自己知道的美好事情。比如我要做个科学家，我要做宇航员，我要做大富翁，我要做音乐家，我要做超人，等等。

等我们长大一些，对事情逐渐有了更多地认识，有些梦想就被撇弃了，我们对梦想就有了更清晰地归类。比如我要做数学家，我要做植物学家，我要做运动员，等等。

当我们接受过教育的熏陶，跟外界有了更多地互动后，也就更了解自己的长处和短处，就更加知道什么才适合自己。

再后来，我们上了大学，进入了社会，我们的理想会在大致的既定方向上做更详尽的细化和修正。

这是一个去伪存真的过程，是把理想的雕像雕琢得更完美的时刻。而这个过程本身也是一个了解自己在哪些方面是无能为力的理性认识过程。

当一个人真的了解自己的时候，他的放弃绝不是无奈的选择，而是一种如释重负的解脱，一种告别烦琐俗世的舒服，一种可以投身于自己真正所爱之事的酣畅淋漓，一种专注于自己内心召唤的畅快洒脱。

04

曾经有人对我说："一个人只有在可以不平凡的时候选择平凡，才会真正地享受当下的平凡。其他的，都只能叫无能为力。"

难道所谓的"无能为力"就等于自欺欺人，所谓的"平凡生活"就等于一种退而求其次的选择吗?

如果有人这样认为，那只能说，他还是没有真正地认清自己。

当一个人认不清自己和现实的时候就会纠结，就会举棋不定，不知如何是好。就像纠结的小E，如果向那个女孩表白，怕被拒绝；如果不表白，自己又特别痛苦。不管怎样，都没有感到真正的满足和快乐。

这显然是一种贪婪在作祟，觉得自己可以或者应该不用付出任何代价、不会感受到任何疼痛就既能享受一切，又不会失去一切。而这种认识本身就是不成熟的，或者根本就是幼稚的。

最可悲的人生不是我们所选择的方向最后失败了，而是我们竟然从未做出过选择。

当我们做出一个选择并且全力以赴，但最终失败的时候，我们并不会感到后悔，因为从一开始就没有那种不费吹灰之力就能得到回报的投机心态。当我们发自内心做出选择的时候，就不会计较那么多，而只会全心专注于过程里。而这实实在在的过程本身就是我们所追求的。相反，失败会让我们更深刻地认清自己，从而做出修正，那时候我们所认识的无能为力，是自我无法超越的能力边界。

一个从未做出选择的人，只会把梦想束之高阁，偶尔做一些“要是怎么样，就好了”的幻想，他们的无能为力只是一种不想去行动的借口和托词罢了。至于他们为什么不去行动，理由可能有千万种，但其中有一种是害怕自己一旦失败，就要面对真正的无能为力。

鲁迅先生说过：“真的勇士，敢于面对惨淡的人生。”但凡选择，必然要承担相应的风险。如果我们不具备预知风险和避免坏事发生的能力，那么，重要的问题或许不在于坏事是否会发生，而在于风险发生之后我们将如何对待。

当你无法选择自己的命运时，可以选择对待命运的态度；当你无法延伸生命的长度时，可以延展生命的宽度。当你明知有些事无力回天时，可以努力争取，寻找另一种结果；当你敢于用努力的一段路途，换来无能为力的结果的时候，或许才能获得真正的成熟，才能学会享受平凡生活里的点点滴滴。

2 欠自己一个道歉

01

2014年，我去一家卫视做节目。节目进行到一半，主持人把话筒递了过来，说：“请廖宇靖介绍一下你成功的经验吧！”

当时我大脑一片空白，什么也没能说出来。录完节目后，我回到酒店就失眠了：我成功了吗，为什么我却觉得自己一直身陷失败中？

在很多人眼里，我是一个活生生的励志典范。从少年作家到奥运火炬手；从高原到内陆；从体制内到体制外；从月薪不足三千到现在月薪十多万；从无业游民到公司老板。

很多读者给我留言，说喜欢读我的文字；很多人说，你现在越混越好了；还有人说，羡慕我的运气好，希望拥有像我一样精彩的人生。

但是，我却一直对自己非常失望，如果按数量来算，我的成功故事可以编成一本故事集，而我的失败故事却可以编成一本《一千零一夜》。

从2006年到2016年，十年间，我一步一步坚持用自己的方式前行，不但不快，甚至还有些笨拙：做生意被骗全部积蓄、在高原抓捕罪犯时因为高原反应而滚落山崖、脱掉警服后长达三个月找不到工作、做生意不会交际屡屡受挫……

有一段时间，我不敢写任何东西，不敢打开读者的留言，害怕听见不好的声音。我总是觉得自己付出得不够多，做得不够好，甚至把熬夜写好的稿子撕得粉碎。

02

在最痛苦的那段时期，我仿佛分裂成了两个人。

一个人提出要求，另一个人把它推翻；一个人夸奖自己，另一个人又一遍遍否定自己。这种永无止境的内耗消耗了我的全部精力。

我开始失眠、头痛，头发大把大把地掉。我害怕自己再也写不出东西，就把自己关在家里，逼自己不停地写，然后再一股脑儿地

删除。这样的状态持续了好几个月。

有一天，我突然觉得自己不能再这样下去了。我把濒临破碎的自己暂时拼装起来，出去见了一位朋友。

不知是我伪装得太好，还是我笑得太逼真。朋友竟然一点儿没发现我的异样，还好奇地问我："宇靖，我看你每天更新那么多文章，还要处理公司的事情，你是靠什么坚持下来的？要是我，早就垮了。"

我忘了自己是怎么回答的。只记得在与她分别的时候，她静静地对我说："你要照顾好自己啊，怎么一下子瘦了这么多。"

原来，别人都看出来了，只有我自己没发现。我神情恍惚地回到家，一头栽倒在床上，泪流满面，哭到崩溃。

再次失眠的时候，我想起了朋友在分别时跟我说的话，"你要照顾好自己啊"，然后，又想起了之前一个咨询师朋友跟我说过的话："你为什么不能接受别人的赞美，总是在谴责自己呢？"

我在黑暗里思考了很久，向自己提出了一个问题：你要的到底是什么呢？

03

这个问题，在我的人生中曾经出现过好几次。

第一次，是在我决定离开绵阳的时候，我问自己：你想要什么？

当时，我不知道自己想要什么，只知道自己不想要什么：我不想再过父母那种一眼就能望得穿的生活，不想回到老家过那种毫无波澜的生活，不想再重复上一代人的生活，我不要陷入这种循环之中。

第二次，是在我决定离开高原的时候，我问自己：你想要什么？

当时的我，虽然对未来还没有太清晰的计划，但我不想放弃自己写作的梦想，我想要的是：不再受任何外在的束缚，根据自己的良知去追求我认为有价值的目标。

第三次，是我顶着巨大压力决定创业的时候，我问自己：你想要什么？

然而，那个时候我并没有给自己留出时间去探寻这个问题的答案。

在金钱的窘迫和外界的压力下，我只想先奋力一搏，让那些想看我笑话的人哑口无言。

于我而言，放弃公务员身份这件事让我不得不跟“有保障的生活”告别。如果将每个人的职场生涯看作一笔投资，稀缺资源就是自己的时间。在整个生命历程里，我们一方面要用自己的收入消抵支出，另一方面要最大化个人成就。

所以，为了活出自己闪闪发光的样子，我用尽力气向前奔跑，把自己压榨到了极限。在最开始的那两年里，我放弃了一切个人爱好，放弃了一切无谓的社交，放弃了与家人团聚的机会，把自己放逐到了一个四面铁壁的牢笼里，然后为了突出重围，把自己撞得头破血流。

就这样，公司逐渐走上了正轨，经济状况也有了好转，但我却越来越不安，越来越不快乐。之前给我无限乐趣的写作工作一度成了我的枷锁。我隐隐觉得，生活哪里出了差错，否则为何我跑得越快，却离最初想要的目标越来越远?

04

不可否认，我们现在生活的世界正在变得越来越功利。

人们发明了各种“鸡汤”，不管是有毒的，还是无毒的，都旨在告诉我们一个道理：不成功，毋宁死。

判断一个人是否成功的标志也变得越来越简单粗暴，甚至被浓缩成了几个可量化的标准：社会地位有多高，一年能赚多少钱，获得了多少成就……

在这种以“成败论英雄”的价值观下，一个人的价值要以他在事业、地位、财富、收入的多少来进行评价，要用一个人的市场价值来对其进行总结。

如果没有达到某一标准就会被判定为失败者，认为其表现必然是懒散的、不聪明的。于是得出结论，唯有成功才是人生最重要的追求，不成功就是错误的，甚至是不正常的。

为了得到“逆袭”的人生，人们开始趋之若鹜，甚至有些人不惜作假也要营造出已经得胜的虚假繁荣。但是，不论何种形式的成功学，几乎都在宣扬：人不能甘于平凡，平凡的人生不但是失败的，而且是可耻的、可憎的。

我身边有太多人，包括曾经的我，都在这种压力的逼迫下活得非常拼命。虽然他们已经非常优秀了，但仍然会在“我做得还不够”“我还能做得更好”的谴责下，不断地怀疑自己的价值。

05

如今，我要的到底是什么呢？

曾经，我以为我要与众不同，我要很多很多的爱，我要很多人的关注，我要改变这个世界。

但现在，在一个人走了很长很长的路后，我想，比起所谓的攀上成功的高峰，我更想要一种真实、平凡、有温度的人生；我更想成为一个善良、温暖、快乐的人。我想要的生活，是在阳光明媚的时候带着家人一起去公园散步；是在华灯初上的时候跟三五好友喝酒吹牛；是在夜深人静的时候静静地给你们写一些暖心的小故事。

我不是励志偶像，我只是一个普通人。我没那么大的野心，不想追名逐利，企盼拥有多少名声财富。我只想认真地过好每一天，用我喜欢的方式养活自己，同时去尝试一点儿自己想要尝试的事情，就足够了。

在说出这个答案的这一刻，我的两个分身终于合二为一，我内心的缺口也被填满了，整个人如获新生。

然后，我惊讶地发现，我不再害怕失败，不再失眠，不再害怕别人的负面评价，我重新找回了对文字的感觉，迫不及待地想把我脑中的故事记录下来，一个个说给你们听。

曾经那些黑暗抑郁的时光，就这样从我的生命中消失了。

06

按照我平时的写文逻辑，我可能会说：我感谢失败，我感谢伤害我的人，我感谢那段抑郁的时光，让我成长为今天的样子；我感谢曾经绕过的弯路，感谢那些被我浪费的时间，让我有机会找到自己真正喜欢的事情，并为之努力；我感谢那些出现在我生命中的挫折让我在解决的过程中磨出了盔甲，成为生活的强者。

但我从来没有感谢过自己，那个在奔跑中孤单的、被抛下的、被冷落的自己；那个在黑暗中咬紧牙关死扛的自己；那个挺起胸膛，从来没有向生活低过头的自己。

如果我能再见到当初的那个我，我想对那个我说：别急，慢慢来，现在的你就是最好的你。

3 所谓的包袱都是自找的

如果背负的太多，没等到击垮敌人，就先累死了自己。

01

这些年，我被贴了不少标签，如“中国最具潜力的80后作家”“新锐艺术人物”，等等，每次参加活动，主办方都会给我念出一大串我知道或者不知道的头衔。

张爱玲说“成名要趁早”，但对我来说，名声给我带来的困扰远远大于它所带来的荣耀。可能有人看到这句话会觉得我虚伪做作，认为我享受了名声带来的便利，却用这些冠冕堂皇的话来搪塞。但列位看官请先慢着，我还没有说完。

就我个人而言，我当然要感谢我的“年少成名”，我的家庭普通，想要改变命运的方式其实真的不多。但名声又是一把双刃剑，因为有的荣誉可以让人快马加鞭，有的赞誉却让我负重难行。

02

各位亲爱的看官，且听我讲讲这个发生在十几年前的故事：

那是在初中时期，我偶然在图书馆读到了巴金的《随想录》，立刻就喜欢上了，感觉像是认识了一位邻居家老爷爷。

为了继续弄明白他书里的世界，我开始阅读巴老的所有作品，包括他在书中提到的沈从文、屠格涅夫等作家。这本《随想录》像一把钥匙、一架桥梁，为我打开了一个新的世界。

当时，我绝对没有想到，我这样一个无名小辈有一天可以和这位文学泰斗搭上关系。

2005年，我上高二，学习成绩排名在班里是倒数，只有用写作来打发光阴。

这一年，我完成了一部长篇武侠小说《你的微笑》。那个时候我还没有出版过作品，只零零散散地在报刊上发表过一些豆腐块儿大小的短文。在那个年少轻狂的年纪，我的内心也急迫地渴求作品被大家肯定。

有一天，我脑袋一热，在网络上搜索到巴金的工作地址后，就把自己的武侠小说手稿寄了过去。

没想到，一个月后，我居然收到了从上海寄来的回信。信的大意为：稿件收到，因巴老重病在床，无法阅读你的稿件，所以将手稿全部退回。在回信中还提到，“巴老对青年搞文学都是持鼓励、表扬的态度，青年从文要有勇气、有良心、有才华、有责任感。因工作匆忙，未来得及细读，希望你能坚持创作，后生可畏，金庸第二。”

在收到这封回信后不久，我的另外一部长篇小说《边缘》出版了。有记者来采访我，我顺便提到了这件事。但万万没想到的是，第二天报纸的新闻大标题变成了《后生可畏，金庸第二——访我市少年作家廖宇靖》，文章作了如下描述：

“2005年3月14日，一封信从上海寄来，那是巴金的回信。上书“宇靖：后生可畏金庸第二”，落款为“芾甘于上海乙酉年三月”。廖宇靖读完这简短的信，激动地哭了。因当时巴老已重病在床，记者向上海《收获》杂志社求证此事，得知是巴金的家人代笔，落的是巴老的字，而巴老也同意这样做。”

其实，在看到这篇报道后，我就发现里面部分内容不实。其一，巴金在2005年已病重在床，不可能授权任何人代笔。其二，媒体报道中对我评价的内容，也是虚假的或断章取义的。但当时受虚荣心作祟，我没予以澄清。

直到后来我有机会见到了巴金的侄子李致，聊天中他向我透露：“2003年，巴金百年诞辰的时候，家人赶往医院看望他，可是当时巴老的状况不稳定，院方担心有人会将病菌带入病房，便规定大家只能透过病房外面的大玻璃看他。2004年后的巴金基本失去了所有意识。”

03

再后来，我获得的关注越来越多，媒体对我的报道直接简化为：

廖宇靖曾被我国文学泰斗巴金称赞为：“后生可畏，金庸第二”。

事实上，在那段时间里，不断有网友质疑我的这段经历，但因种种原因，我从未就此事件发表过说明，似乎一切都没发生过。但在我心里，这一事件却变成了一根刺，不管过了多少年，都对之记忆犹新。每每我出现在公共场合，都可能会面对一些狐疑的眼光。

多少年来，我一直顶着文学泰斗不存在的赞誉，出现在各大媒体和公众视线中，也获得了许多，但我始终没找到合适的机会说出当时的真相。

我曾经有过纠结，如果我不说，我就还是所谓的畅销书作家，仍然是被文学泰斗赞誉过的“金庸第二”，仍然可以到处宣讲自己的成功秘籍。而且，我拥有许多“粉丝”，许多年轻人仍然热衷于看我的小说，无论是悬梁，还是刺股；无论是造假，还是炒作，都可以成为我成功路上的垫脚石。在我的带领下，那些笃信我的人，甚至会为了所谓的成功而抛弃诚信。

再到后来，我甚至在新书宣讲会和接受媒体采访时，主动宣传自己就是巴金赞誉下的“后生可畏，金庸第二”。但“励志偶像”的光环却没有给我带来半点儿欣喜，有的只是内心异常的愧疚和羞愧。

人在没接受历练之前，总是稀里糊涂，好高骛远。只有在过尽千帆后才知道自身的弱点，触摸到真实的自己。

站得高，未必总是看得远，有时候也可能是摔得狠。即便你没有摔下去，也会日夜为摔下去而担心，这或许就是古人所说的德不配位的悲剧吧！

一个人过早地、幸运地得到与自己能力不相符的东西，那抱在怀里的很可能不是一个金灿灿的奖杯，而是一个威力巨大的炸弹。被炸得一无所有、一片狼藉，那也是早晚的事。

直至这种事情发生了，你痛苦了，你难堪了，甚至你不得不直面自己不过是个乳臭未干的无名小卒，你心理上的折磨、恐惧与愧疚才会因此而平复下来。

04

巴金在《说真话》中有这样一句话："哪怕是给铺上千万朵鲜花，谎言也不会变成真理。"

为了纠正"文学泰斗对我的赞誉"这一错误，我曾多次尝试在百度百科中删除有关不实消息，却一直无法通过。官方回复：您删除了词条中有来源的有效内容。换言之，现在说你是就是，不是也得是。

这些年来，我疯狂地想要甩掉曾经的"赞誉"，到头来，却发现连自己都没法证明自己当年的"错误"了。

2018年，我在博客上刊登了一封道歉信，只为澄清一个跟随了我十多年的莫须有"赞誉"。我向巴金的家属致歉，为给予者巴老沉甸甸鼓励的一句话语，因为我的虚荣被渐渐曲解的好心。

我也为这篇迟到了十多年的解释而道歉。从此，我或许不用再背负这一看起来很光彩的包袱了。

这个时候我才突然明白过来，原来所谓的包袱都是自我的。抛开短暂虚无的光环，认清自己、保持初心，这好像是我30岁时才搞明白的第一件事。

这个世界诱惑很多，愿你量力而行。

其实，可能并没有那么多人关注你、在乎你，因为他们就像你一样，每个人每天都在自己的一亩三分地忙着。许多包袱都是自己给自己背上的，你认为这都是来自别人的苛责，但是别人甚至对你的包袱一无所知。

不要得陇望蜀，更不要心存侥幸，因为所有命运馈赠的礼物，早已在暗中标好了价格。

4 来者要惜，去者要放

一见钟情，二见倾心。有生之年，不过别离。

最怕举案齐眉，到底意难平。

01

那天，范范在朋友聚会上玩得很开心，笑得很大声。

在送她回去的路上，她突然安静下来，说："我还是忘不了他，怎么办？"她说这句话的时候没有看我，像是在问我，又像是在自言自语。

"其实，你……"我的话刚到嘴边，又停了下来。我想告诉她，不忘记也没关系；也想告诉她，忘记一个人最好的办法是时间和新欢。但我想，这都不是她想要的答案。

已经四年了，我知道她说的是谁。六年前，范范刚刚大学毕业，通过选拔考入了B市的电视台，认识了后来被她称为“人渣”的W。

W不高也不帅，但在单位里人缘很好，也很会照顾新人，所以逐渐赢得了范范的好感。时间长了，范范逐渐了解了W的个人情况：已婚，育有一个女儿，妻子嫌弃他没出息，现在是分居状态。

当时范范也没有多想，偶尔在他苦闷的时候陪他聊聊天，给他开解心结。有一次，在部门聚会上，她偶然从领导的口中得知W正在办离婚手续。她心里一惊，但表面上还是不动声色。

聚会结束以后，范范问W是不是正在办离婚，W承认了，但希望范范能够替他保密，因为他不想成为单位里八卦们的谈资。后面的剧情就非常俗套了，两个人聊着聊着，越聊越投机，再后来确定了关系，谈起了地下恋爱。

然而，世界上没有不透风的墙，他们两个人的事很快就被热衷八卦的人发现了。更巧的是，范范所在单位的领导和范范的父亲认识，便把这件事告诉了她父亲。

这下，范范家掀起了轩然大波，父亲大发雷霆，坚决认为是自己女儿做了第三者，拆散了对方的家庭；妈妈也滔滔不绝地数落她，说对方年纪不小了，又带个孩子，以后过去当后妈吗？真是脑子坏掉了……

范范在父母的双重夹击下百口莫辩，一气之下离家出走，直接拎着行李去了W的家。没想到，W竟也一反常态，极力劝她回家。

再后来，范范从W的一个密友处得知，W离婚的原因根本不是他妻子嫌贫爱富，而是W在外面屡屡偷腥，妻子受不了才选择离婚的，而范范只不过是W众多女人中的一个而已。

面对这样的背叛，脾气火爆的范范怎么能忍下这口气，然后就是旷日持久的战争。很多人都劝过范范：算了，谁一辈子还不碰见几个“渣男”呢？但范范就是咽不下这口气，直到后来她调离了B市，这事才告一段落。

02

爱情是个被说滥了的话题，但沉浸在爱情中的每一个人都认为自己是独一无二的。

范范靠着窗户，幽幽地说道：“很多人都说，我这么在意，是因为还放不下。其实，我放不下的不是那个‘渣男’，而是那个很爱过的自己罢了。”

我了解她说的这种感觉。很多人都有这样的经历，当一个人在你心里扎根的时候，不管它是以什么形式存在，当你想把这根刺拔掉的时候才猛然发现，它已经变成了你的一部分，甚至变成了一种执念。

不管是一件事，一段情，还是一个人，之所以会出现执念，一定是因为还没有得到过。因为没有得到，所以更加想要得到，这种

必须要达到什么目的的状态，就是我们说的执着。可究竟是因为没有得到才更加想要，还是真的是自己的心之所向？可能连我们自己都不是特别清楚。

曾经在微博上看到过一个只有三句话的小故事：

“你还没忘掉TA吗？”

“早忘了。”

“可……我还没说是谁。”

对于这种执着的心，在心理学上指的是心理的一种极端情绪，是一种以自我为中心的心理状态，它使人一叶障目，看不到真正的问题所在，只能一门心思地在同一件事情上重复同样的行为，表现出来的就是念念不忘，无法放手。

在爱情中，我们最难学会的是放下，最难做到的是遗忘，最难释怀的是那些有笑有泪的过往。

虽然很多人嘴上说已经放下了，但那个人的影子可能始终会在心里纠缠，你越想忘掉，回忆越会汹涌而来。

03

其实，你需要的根本不是放下这个人，你要放下的是自己的执念。

我也经历过痛苦的分手。记得刚分手那段时间，我特别想复合。甚至一连几天，我的大脑自动屏蔽了关于分手的现实，以至于每天睡醒之后，都不记得自己已经和她分开了，然后再一次陷入突然失去的痛苦中不能自拔。

为了挽回这段感情，我像个固执的小男孩一样，找了很多算命大师，甚至买了和好符，日复一日地祈祷。我曾经在无数个夜晚幻想她打电话给我，问问我的近况，甚至开口说“想念我”，然后我就假装大度地原谅她。

但这个愿望一直都没有实现，时间发挥了它的遗忘功效，我甚至不知道这个变化是什么时候开始的，想要复合的这个想法也慢慢淡化了。

为了避免我再次沉溺，我删掉了她的联系方式，取消了对她所有社交媒体的关注，将她彻底屏蔽于我的生活之外。以至于再次接到她的电话时，我竟没有马上听出来，然后在毫无准备的情况下，她开口恳求复合。

彼时离我们分手已四年，我哑然失笑。其实好长一段时间，我一直以为自己没办法忘掉她，只是把这个伤口掩盖起来，让自己不再去触碰。直到那天我接到她恳求复合电话的那一刻，我突然意识到，我是真的完完全全把她给放下了。

人在一个执念下会迷失自己。刚分开时，我的想法只是很单纯地接受不了分手这个结果，而现在冷静下来，我明确地知道我们不合适，重新在一起也不会快乐，而我也已经在这场漫长的分道扬镳中失去了当初的爱意。

04

有人说，凡是经过爱情的男女，最后都会经过三个阶段，即对不起、没关系和谢谢你。世上有一个人平白无故地爱过你，或被你爱过，会有什么理由呢？这本身就是一段难得的经历。

回想一下这么多年的人生旅程中，你有没有曾经伤害过的人，有没有曾经伤害过你的人？有没有爱着你的人，有没有你正在爱着的人？我相信答案一定是肯定的。更有可能的是，也许你正在恨着的和正在爱着的恰恰是同一个人。

我很喜欢李安导演执导的电影《少年派的奇幻漂流》里面有一句话印象深刻：“人生就是不断地放下，遗憾的是，我们都没有好好告别。”

这道理人人都懂，但所有关于爱情的箴言都有一个通病，就是说起来简单，做起来太难。

其实每个人都知道，失恋了，时间久了你就会好的，或者碰到一个更好的对象，你也会好的。可有些人失恋了一两年甚至三四年，却永远走不出失恋的阴影，也就永远得不到更多的东西，因为他（她）看不到身边的幸福和平凡生活的乐趣，永远被乌云笼罩着。

我想，其实真正的放下，不是你努力变成他（她）喜欢的样子从而冀望他（她）后悔，不是你扔掉他（她）送你的所有礼物，不是你努力将他（她）从记忆中剔除。真正的放下，是当你再次听到关于他（她）的事时，不再刻意压抑自己，尽管心里也会掀起一点儿波澜，毕竟他（她）曾经在你的生命中扮演着不可或缺的角色，但是更多的是对往事的感慨。

对于生命中出现的每一个人，不管他们是以何种形式出现，最终以什么方式离开，其实都是一句：很开心你能来，不遗憾你走开。

05

有一个抓猴子的故事：

猎人为了抓住猴子，就把椰子挖空，再放进食物，最后把椰子用绳子挂在树上。椰子上留个小洞，可以让猴子摊开手掌伸进去，但握拳就出不来。猴子们伸手抓到食物，却被紧握的拳头卡住了，直到看到了猎人到来，猴子仍不放手，只好乖乖的束手就擒。

不要把自己变成那个愚蠢的猴子，如果一个人对你忽冷忽热，总是不愿意理你，那说明你在他（她）心里并没有那么重要。如果一个人老说很忙很忙，总是借故不接你的电话，那说明他（她）并不是真的想听你说话，那就不要一次次的自讨没趣了。

如果一双鞋子不合脚，就不要削足适履，非要穿进去不可。即使成功了又能怎样呢，他（她）的心已经离你很远了。最终磨的还是自己的脚，伤的还是自己的心。

所谓生活，不过是：该放手的放手，该努力的努力，该果断的果断，该继续的继续。

如果你真的放下了，坦诚真诚地面对自己，迈出这一步，就可以见到阳光。不用去计较真假，重要的是你想要过什么样的生活，你选择去过什么样的生活。

而关于我，我想，我是不会忘了前女友的，因为她曾经真实地存在于我的生活中，我不想否定我的生活。

但我也只能对她说，你是那时候我翻山越岭想奔去的山头。但现在，我走走停停，迂迂回回，我不想再长途跋涉了。如果说想要破镜重圆，是你来晚了。但你留下的每一处风景都像一页书签，夹在我葱茏茂盛的时光书本里。我偶然翻到这一页，能够陷入回忆，能够嘴角上仰，然后把它留在它该有的那一页，继续朝下翻。仅此而已。

虽然，我们都盼望着每个故事的结尾都是皆大欢喜，但现实总会给人留些许遗憾，也许这种经历就像生活中的一场高烧吧，难受之后，就获得了免疫的能力。

身边少了一个人，又多了一个人，没什么好与不好，只有合适与不合适。

来者要惜，去者要放。人生是一场旅行，不是所有人都会去向同一个地方。很多事不用问值不值得，只用问，你有没有从中获得过什么。

该走的还是要走，该来的终究会来。握不住的沙，干脆扬了它，少一些占有心，多一些豁达的洒脱，有点儿遗憾，但又带点儿惊喜，这就是生活。或者说，更像生活。

5 你羡慕的生活，也有你想象不到的苦

我一直活在疯狂边缘，等待着了解事物的缘由，而不断地敲着门。门开了。原来我一直是在门内敲打着。

——鲁米

01

H小姐是我身边好友中最早嫁人的一个。

在我们其他人都还懵懵懂懂，在坎坷的情路上一步一个跟头的时候，她已经认定了自己的真命天子，一毕业就跟男友领了结婚证，为爱远走他乡。

因为男方家境殷实，对H也宠爱有加，在她的微信朋友圈里，“晒”的都是跟我们截然不同的画风，今天先生送了新包，明天出

国度假。在接连生了两个小公主后，她害怕与社会脱节，先生投资给她开了一个健身房，让她生活、赚钱两不误。身边有不少年轻女性都把她当作“嫁得好”的模板，羡慕得不得了。

某天，我和H小姐闲聊，说起身边朋友的近况，××结婚了，××攒够钱后辞职开了自己的小店，最后还谈了谈我最近工作中遇到的奇葩事情。H突然叹了口气，说：“真羡慕你们，都这么努力地过着自己的人生。”

我这才知道H这些年发生的故事。

当时，被爱冲昏头脑的H不顾家人反对，去了先生老家的小城市。去了以后才发现，这里根本没有适合自己的工作，而且当地提倡的是男主外、女主内，她只能暂时入乡随俗，当起了全职太太。

更令她受不了的是，回到老家的先生跟结婚前完全变了一个人似的，不再嘘寒问暖，也没有时间陪她逛街聊天，整天有忙不完的应酬，有时候半个月都没回家吃过一顿饭。她自嘲地说道：“当时，我感觉不是嫁给了先生，而是嫁给了婆婆。”

为此，她跟先生吵了很多次，甚至提出了离婚，但每次都无疾而终。在那个小城市里，她没有任何亲戚朋友，每次吵完架只能买瓶酒去宾馆喝个一醉方休。

我一时语塞，只能安慰她，说：“结婚和恋爱是不一样的，很多人的婚姻都是这样，其实他还是对你很好的。”

她扑哧一笑，冷笑着说：“哼，每次吵完架就只会买包哄我，

婆婆重男轻女，每天逼我追生三胎，几次流产害得我中度抑郁，母亲生病都没法回家。我真的特别后悔远嫁，但是自己荒废了这么多年的时光，也没有别的生存技能，只能暂时如此了。”

我愣了一下，原本一直以为H是我们之中过得最幸福的一个，早早地嫁人，安稳地过下半生，在我们还没有能力赚钱养活自己的时候，她就什么都有了，成了人人称羡的人生赢家。但我从来没有想过，她也会羡慕我们这样跌宕的人生。

H噼里啪啦地说完，似乎不想听我发表什么感言，马上就转换了话题：“我这点儿破事就别絮叨了，你现在事业做得这么好，我也替你开心。你还记得你上学出书的时候吗？电视台都来采访你，那会儿你可是大出风头了，我爸妈简直把你夸到天上去，我们都羡慕死了，现在果然是大作家啊，从小跟我们就不一样。”

02

我哑然失笑，原来我也曾是别人羡慕的对象！

突然想起林语堂说过的那句话：“人生在世，还不是有时笑笑人家，有时给人家笑笑。”或许这句话还能这么说：人生在世，还不是有时羡慕羡慕人家，有人给人家羡慕羡慕。

就像循环往复的贪吃蛇的游戏，我们拼命将目光投向他人的时候，却没料到迎头就撞上了自己。就像我不知道，在H光鲜的生活之下，竟有那么多身不由己一样；H也不知道，在她羡慕我的同时，我的真实生活又是另外一番样子。

与H相对殷实的家境不同，我父母是工薪阶层，不算没钱，但坏在我当年铁了心要考艺术类院校。

众所周知，艺术类院校的学费普遍都很高，对于我这样一个出生在三线城市工薪家庭的人来说，倒退十多年，每年三四万的学费和生活费是一笔不小的数目。

虽然当时拿到了一些微薄的稿费，有了一些小名气，但学校可不认这一套。想要上学，势必要掏空家里所有积蓄。从大二开始，我的学费基本上都是父母省吃俭用节余下来的和几个舅舅凑出来的。

大二那年，因为挂科太多，我收到了系部的降级警告，所有人都以为我因贪玩、恋爱耽误了学业。事实上，我是想早一点儿减轻父母的压力，出去兼职打工去了。后来开始创业，父母东拼西凑一次性给了我一年的生活费，我成立了自己的文化公司，赚取了人生的第一桶金。我以为明天会越变越好。

结果，事与愿违，因为轻信创业伙伴，我被骗光了积攒多年的积蓄和父母给我的一年生活费，还欠下了一笔在当时看来是天文数字的债。曾经跟朋友吹下的牛变成了浮云，想给父母减轻负担的原动力也变成了妄想。

我灰头土脸地回到了学校，身上只剩下50元。如何熬到下一次发稿费，成为我当时迫在眉睫的问题。很快，我找到了活下去的方式：每天只吃一顿饭，其他时间全部睡觉。饿醒了就喝水，喝饱了接着睡。

每天唯一吃的那顿饭也是有讲究的。我一般会晚一点儿去食堂，因为这时食堂大妈饭菜分量给得足。

再到后来，杂志社的稿费一拖再拖，再加上当时圈内的人要封杀我，雇水军在网络上造我骗稿的谣，我每天都会接到很多记者的采访电放，学校领导、作协领导三番五次地找我谈话、做调查。刚创作完准备签约的小说也因此而搁浅，当时我觉得未来全完了，没了前途，更没了“钱途”。

偏巧那一年，老家又发生了大地震，家中的房屋被严重损毁，母亲也受伤住院。在家里最需要我的时候，我却发现自己什么都帮不了。

实在熬不过去了，我就买了很多馒头放在寝室里。饿了就喝水啃馒头，以至于我现在看到带面皮的东西就恶心得想吐。那段时间真的很难过，我也患上了轻度的抑郁症。

心里有不甘、有委屈，又觉得命运不公，但我依然坚挺着、死撑着过活每一天。有一天半夜，我突然觉得可能撑不下去了，鬼使神差地从学校走到了府河边，恰好路过一个工地，看到一个横幅，感觉上面的话有如神谕：不要伤害自己，不要伤害别人，不要让别人伤害自己。我猛然清醒，才断了我隐约的想自杀的念头。

那年春节，我甚至连买火车票回家的钱都不够，只好买了最便宜的一个站的票，然后一路像猫捉老鼠一样逃票，在见到父母的那一刻我都快哭了。

03

在电影《这个杀手不太冷》中，玛蒂尔达问里昂：“人生总是这么痛苦吗？”

里昂轻描淡写地回答：“嗯，一直是这样。”

这个世界从来不会因为你的疲惫而停下它的脚步，那些你羡慕的生活，也有你想象不到的苦。

你知道吗？所有那些看上去耀眼的光芒，闪着灿烂笑容的背后，是要忍着委屈的，是要忍着失败和挫折的，是有许多你根本没有办法和别人诉说的苦楚的。

曾经看过一个朱德庸的漫画，里面讲了这样一个故事：

有一个女孩子，她觉得自己是世界上最倒霉的人，一气之下，她决定从11楼跳下去。

当她的身体慢慢往下坠时，她看到：10楼以恩爱著称的夫妇正在互相撕打；9楼平常很坚强的Peter正在偷偷哭泣；8楼的阿妹发现未婚夫跟自己最好的朋友在床上；7楼的丹丹在吃她的抗忧郁症药；

6楼失业的阿喜还在每天买7份报纸找工作；5楼受人尊敬的王老师正在偷穿老婆的内衣；4楼的Rose又在和男友闹分手；3楼的阿伯每天盼望有人拜访他；2楼的莉莉还在看她那结婚半年就失踪了的先生的照片……

当她亲吻到大地时，她才知道，原来每个人都有不为人知的困境，与他们相比，她其实过得还不错，但已经没有机会后悔了。

人生不如意之事十有八九，你觉得自己受了委屈、过得不幸，付出没有得到回报，那是你只看到了别人好的那一方面。

有人说，成年人的崩溃都是静悄悄的。看起来很正常，会说笑、会打闹、会社交，实际上糟心事已经积累到一定程度了。他们不能歇斯底里地哭泣，也不能旁若无人地叫喊。毕竟，明天还要上班，还要装作什么事情都没有发生过。

不管是H，还是我，抑或是这个世界上的每一个人，都曾经历过这样的时刻，它不值得拿出来与人分享，但它又真真切切的存在过。然而，这就是平凡的生活，甚至于它的痛苦也是平凡的，平凡得千篇一律。

我知道，在这个世界上，有很多方法可以加速前进，但我依然选择用自己的方式，单纯、简单、缓慢地实现内心的每一个不甘心。因为，在真实的生活中，从来不存在快速成长的捷径，有的只是一个平常人与自己的较量。

6

人生没有成败，只有成长

01

七年前，在辞职后的很长一段时间里，我处于无业状态。

为了给自己确定新的方向，也为了躲开家里的压力，我先去了三亚疯玩了一段时间，后来去了北京，参加了清华大学的编剧培训班。也就是在那个时候，我认识了当时的邻居大林。

大林其实不姓林，但他不愿意别人叫他的真名，只让我们叫他大林。

我一直觉得北京是个特别没有人情味儿的城市，到处灰蒙蒙的，让人心慌。人与人之间的缘分，在这个孤独空旷的背景之下，就像投入宇宙中的两颗卫星，短暂交汇过后，就音讯全无，再也接收不到彼此的讯号。

但有时候北京又是一个特别能让人放下防御的地方，很多不能在朋友、家人面前表露的心声，却能在陌生人面前没有顾虑地一吐为快。

和很多来北京追梦的人一样，大林的梦想是成为一个漫画家。但实现梦想的路坎坷重重，他画了很多年，现在还只是一个动漫工作室的上色助理。

当时我的状态也不是很好，刚刚不顾家人的反对辞掉公职，断了自己的后路，不知道前面等待我的将会是什么。孤单城市里两个失意的追梦人相遇，便经常互相鼓励。

不过，我并没有在北京发展的打算，没过多久，培训班的课程结束了，我也收拾行李准备回成都。临行前我找大林喝了一次酒。他告诉我，这次创作的漫画又被退稿了。

我默默地递给他一罐啤酒，他满不在乎地耸耸肩，接过啤酒，说："你相信2012世界末日吗？"

我没想到他会提起这个话题，满脸疑惑地摇了摇头，说："捕风捉影的一个玛雅预言，应该不是真的。"

没想到大林的表情却认真起来："我第一次听到这个预言的时候，还在老家的厂子里上班，我当时就想，如果世界毁灭了，我最后悔的事情是什么？等我想出答案以后，我就辞职来了北京。"

"我给自己定了个期限，如果到了2012年，我还没有混出个人样，我就回老家。不过……”他摆出一个灿烂的笑容，大声说道：“我一定会打败命运，不会轻易认输的！”

深夜，从熙熙攘攘的酒馆中出来，我们挥手告别，各自奔向命运的洪流。

02

2012年10月，我回到了成都，在新家的墙上做了一面照片墙，每张照片里都有美丽的故事、美好的回忆，这是我不可否认的人生。

其实，我从离开高原以后，一直不敢去回忆那几年的生活。究竟是因为不舍，所以想要忘记；还是因为无法释怀，所以想要逃避，其实我自己也不是特别清楚。

只是，有些白天被刻意埋进记忆中的点点滴滴，却会在夜晚随着一场梦而惊醒，我仿佛又回到了高原，那些熟悉的房子和战友又都回到了我的生活。

时光和人一样，都经不起来来回回的辜负。

既然无法忘掉，那就牢牢地记住。我告诉自己：一定要写好《藏香》，不为别的，只为了我的战友，为了我那段难以抹去的青春，这是一部我将用毕生心血来书写的小说。

随后的三个月我闭关谢客，把自己关在房间里，完成了这部长篇小说的写作。在关上电脑的那一刻，看着窗外不知道什么时候飘起的雪花，我突然想起了大林。

我点开好几个月没有登录的QQ，在此起彼伏的滴滴声中，我看到了一封大林发给我的电子邮件，发信时间是一个月前。信的内容如下：

宇靖：

今天是2012年的最后一天，世界没有毁灭，但我的世界崩塌了。

在北京耗了这几年，我认输了。我最后一次追着问主编：“为什么我画的画不能出版，我到底哪里做得不对？我可以改！”

主编看着我，对我说了一句话：“放弃吧，你没有天分。”

其实，对于这个答案，我早就有心理准备，只是一直不敢承认罢了。

我当初决定来北京的时候，是因为害怕在三线小城市里默默无闻，自己的性命如蝼蚁一样，在这千万人之中，只能一辈子做一个平凡得不能再平凡的普通人。但是，北京不一样，在我看来，这是一个充满奇迹的城市，一切都有可能发生。

我一直觉得，跟家里那些按部就班生活的人相比，为了梦想生活的我是不同的，但现在，我觉得自己是个彻头彻尾的失败者。

……

在信的末尾，落款是：郭林。

我知道，当一个人发现自己投入全部心血的事情付之东流，不得不放弃梦想去过平凡的生活时，这实在是一件残忍的事。

我仿佛看到那晚在小酒馆里，在大林倔强的眼神中，那些强忍着没有流出的泪滴。

03

作家托马斯·卡莱尔曾经说过一句话：“未哭过长夜者，不足以语人生。”

然而，现实中的很多人却把挫折与失败当作人生中的穷途末路，宁死也不愿回头。

我曾经在一个城市的地下通道里遇见过一个流浪歌手，他在城市的街头一边流浪一边歌唱，每天收入也就100元左右，除去衣食住行和音响装备的花销，一个月下来赚不了多少，甚至于还不如有份稳定的工作。

我问他：“想不想家。”

他说：“想。”

我问他：“要不要回去。”

他说：“不要。”

我劝他："流浪歌手太苦，日晒雨淋的。其实一般民众犹如我们，不太懂音乐，也不大舍得为音乐花钱，而且你还经常被城管追着跑，回家不比流浪强？"

他拖着自己的行李箱，一边收拾一边回答："我回不去了，我一旦走出来就回不去了，你倒是给我找了台阶，可我回去之后就是个笑话。我雄心壮志地出来，总不能灰头土脸地回去吧。"

然后他笑着从我的面前消失。可是他的话，却让我思绪良多。

有追不到的梦吗？有。有回不去的故乡吗？实际上，并没有。

年少时，人往往觉得要到外面去闯荡才能拥有一片很大的天空，但是，天空真的在远方吗？其实，天空就在我们头顶上，它整天跟我们在一起，不管我们站在哪片土地上，都是如此。

是走是留，其实未必就是一个无解的难题，更不需要你做出某种抉择才肯罢休。北京的天空也下雨，冬天也冷；故乡的天空也有太阳，春天也暖。

04

再次收到大林的消息，已经是几年之后了。

有一天，他突然告诉我，他要带着家人来成都旅游，想顺便跟我小聚一下，我自然是万分欢迎。

在熙熙攘攘的春熙路上见到他时，他明显发福了许多，但眼神中依然有一种清澈的少年神色，只不过比前几年少了一份焦虑，多了一份从容。

席间，我刻意回避不谈有关北京的话题，但他似乎并不在意，反而主动谈起了回老家以后的生活："离开北京以后，有一段时间，我觉得我的生活完了。虽然那几年我也没有做出什么成绩，但我一直认为，北京是帮助我实现梦想的永动机，只要我坚持留在那里，哪怕只是当一个朝九晚五的上班族，我离梦想的距离也只有一步之遥，我成功的可能性会比在一个小城市大得多。我以为离开了北京，我就得接受自己的平庸，一辈子庸碌至死。"

他不好意思地笑了笑，说："不瞒你说，回家之后我有一个月都没有出门，不敢见朋友，觉得没面子，感觉自己是个失败者。但是，过了一段时间之后，我发现根本没人在意我。"

"后来，我在老家开了自己的设计工作室，去年又开了一个画院。我突然觉得，在那个时刻，我真真切切地摸到了梦想的样子。"

年轻的时候，我们每一个人都在追求不平凡的人生，和生活死磕。"接受平凡""接受平庸"不过是失败者的代名词，怎么听都像是在向命运缴械投降，一点儿都不热血。

但是，当日子一天天过去，人一天天变成熟，挨了一些生活的锤，也吃了一些梦想的苦之后，我们也许会在某一天突然发现，生活中并不是只有你死我活。一个人真正的成功，无非是在最平凡的

生活中慢慢成长。

曾经在地球上生活过的最优秀的人，必定是曾经遭受过挫折或不如意的人，他温顺、柔和、耐心、谦逊而又精神平静，这种人才是在地球上曾经生活过的第一个真正的绅士。

和快乐一样，挫折或失败从某个角度来看也是上天给人生的恩赐，但是，它对一个人品格的磨炼却比快乐要大得多。它磨炼和美化人的个性，教给人以耐心和服从，提升出最深邃和最高尚的思想。

很多时候，现实中大部分人的人生写照，不是“只要努力就会成功”的成功学故事，而是“我用尽全力，却过着平凡的一生”的叹息。

所以，一个人的成功，不应该仅仅指世俗意义上的赚到钱、获得名。还有一种成功，就是丰富了人生的体验和经历，打败过自己的怯懦和狭隘，突破过自己，无限地靠近过梦想。

不管处于什么年龄，勇于跳出舒适区，到自己感兴趣的新领域闯一闯的人，不管最后你能不能站上高峰，都是成功的人。如果追求成功太难，那么追求一次无悔也就够了。正如网络上的那句话：“有的人25岁就死了，只是到了75岁才埋。”不做25岁就死的人，就是无愧于心了。

7 主动放手，是对自己最大的解脱

曾经，有一个人对我说：当你为一件事犹豫不决，不知道选A还是选B的时候，最好的解决办法就是——扔硬币。

后来，我终于明白，她让我这样做的目的，并不是把决定权交给上天，而是只有当硬币脱手的那一刹那，你心中才会明确知道自己的选择是什么。

人生的很多时刻也是这样，很多问题的真正答案，恰恰会在你放手的时候才会清晰地显明出来。

01

小时候，我特别喜欢读金庸的小说，甚至到了废寝忘食的程度，但唯一读不下去的只有一部，就是《倚天屠龙记》。

跟其他小说里快意江湖、爱恨分明的大侠不同，这本书里的每一个人物看上去都拖泥带水：一个优柔寡断、四处留情、不主动也不拒绝的男主角；一个性格泼辣、敢爱敢恨，不管刀山火海，哪怕背叛全世界也偏要勉强的刁蛮郡主；再加上一个拿不起、放不下，心有不甘的青梅竹马。光看这几个人物设定，就让人觉得莫名窝火。

一个“我偏要”，一个“就不给”，两个女主人公看似水火不容，其实心思倒是出奇的一致，总结起来就是三个字：不甘心。

其实，不管是在影视剧里，还是在各种励志“鸡汤”里，我们经常看到这样的桥段：一个郁郁不得志的人始终怀有梦想，心有不甘，然后在某件事情的启发下重燃斗志，最后经过奋斗，终于在某件事或者在某个领域取得了成功。但因为不甘心而使生活过得不幸的例子，却鲜少被人提起。

从这个角度看，倒叫人真的感叹金庸老爷子的下笔如神，深深佩服作者对生活的洞察和总结能力。当我们为金庸小说里因为无法放手最后为爱成魔的周芷若而深感惋惜的时候，有没有想过自己也是如此?

其实，在我们每个人的心里都曾经存在一个非要不可的东西，可能是一段感情，也可能是一件东西、一个目标，但你有没有问问自己，究竟是真的想要，还是不甘心?

02

幸福可以无限接近，却难以彻底到达。过于追求完美的人，最大的难过不是“我没有”，而是“我本可以”。

在这个世界上，没有一个人对生活是完全满意的。人生总有缺憾，这或许就是造物主怕人忘了自己的渺小谦卑而给人类打上的烙印吧。

一个身患绝症的人觉得健康就是最重要的事；一个健康但长相平平的人，就会觉得长相是最重要的事；一个贫穷的人很可能最大的理想就是财富；一个孤独的人可能觉得有了爱情就夫复何求……但是，这些永远只是眼前的一种境遇，人既然无法预知未来，也就不能避免目光短浅。

一旦有病的人治愈了疾病，丑陋的人整容成功，穷小子发了大财，单身汉有了艳遇，他们的生命并不会永远静止在那个极乐的顶点，一切故事，还要继续。眼下的快乐总有一天会过了保鲜期，紧接着，新的问题会产生，新的不满会出现，新的欲望和执着又会纠缠起来。谁能保证这一次之后，人生就能一帆风顺呢？

也许，人生就是种种不满、遗憾妥协下的结合体。这可能跟你已有的无关，和你未有的也无关。没有人能超越这种限制，也没有人能摆脱这种烦扰。这个问题本身就是一个会无穷无尽循环下去的螺旋。

生活难道不就是这样吗？向往的终点只有那么几个，或功成名就，或家庭美满，但通往这条终点的道路，每个人走的却各不相

同：有的人坐上快艇，顺风顺水；有的人小路泥泞、举步维艰；有的人前半生历尽坎坷，咬紧牙关苦尽甘来；有的人却造化弄人，眼看还有一步就触到了终点，却在小水沟里面翻了船……

但是，很多人不明白这个道理，喜欢的东西就一定要得到，甚至不择手段以达到自己的目的。最后，可能真的成功了，但在追逐的过程中，可能失去的比得到的多得多，这个代价是得到再多也无法弥补的，这就是强求的代价。

很多年轻人都经历过失恋的痛苦，当爱人离去，梦想破碎，那种心里的痛确实很难排解。但是，此时的爱究竟是爱，还是一种不甘心，恐怕当事人自己也无法参透。此时，主动放手，其实是对自己最大的解脱。

要知道，有些人和有些东西是“只能远观，不能近瞧”的，即便你得到了，也会在某一天发现，其实它并没有你想象的那么美好，而你放弃的东西才是你生命中最重要的。

这个世界上没有什么东西是你“非要不可”的，如果你的心里正有一件“非有不可”的东西，想一想是什么原因让你如此执着，它真的值得你这么做吗?

03

我曾经读过这样一个故事：

在一片草原上，有一群羊正在吃草。走在前面的羊总是比走在后面的羊吃到更多新鲜的草。后面的一些羊发现了这个问题，觉得非常不开心，就跑到了羊群的最前面。

慢慢地，所有的羊都发现了这个问题，都拼命想跑到队伍的最前面。这就样羊群狂奔起来，而且越跑越快，结果所有的羊都忘了吃草的初衷，只想超过前面的羊。以至于它们连前面的悬崖都没有看到，一个接一个地掉了下去。

很多时候，我们就像那群可笑的羊一样，患上了一种叫作“不甘心”的病。我们疯狂追逐，只因太想要一个结果，却忘了自己出发的初衷。其实，并不是因为那个结果对我们有多重要，只是因为我们的不甘心。

对待生命中的事情需要坚持，更需要学会正确地放手。因为只有勇敢舍弃不合适的目标才能集中精力，才能找到更正确的方向。

那么，如何鉴别生命中什么样的东西是错误的，需要放弃；什么样的东西是正确的，需要坚持呢?

首先，你需要弄明白，自己无法放弃的这个人或这件事的理由是什么？是发自内心的喜欢，还是不甘心被扣上半途而废的帽子，抑或是不想浪费之前付出的时间和精力?

执着本身并没有好坏之分，关键在于你执着的事情是什么。如果是对梦想的执着、对生命的执着、对信仰的执着，可以说是一种高贵的品质。但如果执着于那些水中月、镜中花，那不叫执着，叫白日梦。做人不可执着一事，做事不可执着一念，否则害人害己，有百害而无一利。

如果只是因为不想浪费之前付出的沉没成本，而你也意识到自己的坚持可能不会得到回报，或者自己的回报远远抵不上自己付出的话，主动放手是此时最正确的选择。已经发生的事，无法改变，你能改变的只有现在。如果不会主动放手，那只会给自己带来更大的灾难。

其次，主动放手的另一层含义，就是不要“一根筋”，不要秉着“不撞南墙不回头”的决心，一条道走到黑。如果此时此刻，你生命中有一些你认为很重要的东西正在被你放弃或者正在离你而去，请保持淡定的心态，不要让自己放弃生活的快乐，因为只要活着，生活就有希望。

如果你的生命总是处于一种饱和的状态，就永远不会有新的东西产生。而主动放手一些错误的东西，让生命留出一个缺口就是给自己留一扇希望之窗，才会拥有源源不断的活力。

04

有人说，生活的残酷之处在于，看上去两三步的距离，也许一辈子都走不完。而生活的迷人之处恰巧反过来：一辈子都走不完的距离，却能给你一种看上去两三步就能到达的错觉。

生活中的很多不甘平凡，都是因为人们在寻求一个结果。但是，人生的意义并不是只有结果。如果只是为了寻求结果的话，我们所有人的生命只有一个宿命的结果，那就是死亡。

与其为了一个虚无缥缈的结果整日奔忙，不如学习一下如何高高兴兴地生活在当下。因为，生活不在别处，而就在此时此地，如果能在当下活得全然、活得喜悦、活得满足、活得很有意义，你就已经找寻到了生命的意义。

8 别理那些贩卖焦虑的人

01

“你的同龄人，正在无声无息地抛弃你。”

“不会再有匀速前进的同龄人，你要么一骑绝尘，要么被远远抛下。”

“就算你待在原地，缓慢成长，也是一种退步。”

……

最近，在微信朋友圈里不知道为何刮起了一阵焦虑风。比如，××刚毕业就年薪百万，成功人士一天只睡四个小时，不努力就会被马上淘汰，比你优秀的人比你还努力，等等。

在这些文章的描述中，似乎没有人能逃避焦虑的魔爪，刚毕业的学生焦虑找不到工作，二十多岁的年轻人焦虑买不起房子，四十多岁的中年人焦虑职业的发展，五十多岁的人焦虑自己的健康问题……

可以说，不管你是青年还是中年，是上班族还是创业人士，总有一款焦虑适合你。他们把你从安逸的生活里拖出来，迎头浇上一盆冷水，然后声嘶力竭地告诉你：你很穷！你很懒！你很失败！你再不努力，就会被这个社会抛弃！

终于，这样的话听多了，你开始慌了。你重新审视着自己的生活，总觉得哪儿都不如意，仅有的廉耻敲打着你的良心：我怎么能够自甘堕落、不思进取呢？我要赶紧追上时代的潮流！

于是，一个打了“鸡血”的你就这样诞生了。

02

记得很久以前，在我还相信成功学那一套的时候，我在一本书上看到了一句话：“越焦虑的人越是成功的人。因为焦虑是一种动力。当一个人焦虑时，说明他开始想要改变了，只有不思进取的人，才会对外界的鞭策无动于衷。”

当时，我对这句话深信不疑，甚至把它当作了自己的人生指南。可是实际上做起来，却漏洞百出。这种无孔不入的焦虑感，在我的生活中肆意蔓延。它非但没有起到什么积极的作用，反而把好好的生活搅得乌烟瘴气。

如果你不相信的话，可以放眼看看，你身边那些刚毕业就焦虑的人，他们30岁的时候成功了吗？没有，他们只会过得越来越焦虑。因为他们混淆了一个概念，将焦虑与努力混为一谈了。

你焦虑，不代表你努力，这是完全不同的两码事。

你可以焦虑地看一天电视，焦虑地玩一天游戏，焦虑地在家睡大觉，也可以心平气和、有条不紊地生活、学习、工作。很多事情，光着急是没有用的，那种一味焦虑的人，除了对自己的健康有害，以及把这种紧张的气氛传染给身边的人以外，其实未必有什么实质性的改变。

成功从来不是焦虑的结果，而是一种持之以恒的行动，而这种行动与你是否焦虑关系不大，恰恰相反，能否稳定持续地行动下去，与你的心态是否自然平和更加息息相关。

如果你不会调整自己的心态，这种焦虑对你不仅没有帮助，还有可能会逼你走向绝路。

03

前几天，好不容易约了几个哥们出来吃饭。以前大家聚在一起都是意气风发的模样，聊的都是如何大展宏图，开创一番事业。但是现在，所有人刚一落座，抱怨声就此起彼伏，从大家嘴里说出来的只有一个字：累。

有人抱怨自己的睡眠问题，说自己一躺下就睡不着，脑子里胡思乱想的都是工作和生活中的烦心事，恨不得不吃不喝把所有事情都解决了，但是旧的问题还没处理完，新的问题又产生了，结果一个好觉也没睡过，年纪轻轻的就长出了很多白头发。

有的人张口闭口就是要赚大钱，30岁之前要买车买房，40岁之前要事业有成，似乎不在50岁的时候给后代留下一点儿祖产，都愧对家里的列祖列宗。

整天闷头写稿的我成了一个异类。看着他们熬红了的双眼，我无情地向他们泼了一杯冷水："按你们这个节奏，能不能活到40岁都是个问题。你们没听说过吗？这是在贩卖焦虑。"

然而，朋友却对我的揶揄嗤之以鼻："这焦虑还用贩卖吗？我每天一起床，就有一串数字蹦出脑海：这个月的房贷、车贷、孩子的学费，一家人的吃穿用度、人情往来，哪个不需要钱？这就是我活在这个世界的成本。"

另一个朋友也频频点头："是啊，有时候不是我们想要焦虑，而是这个世界节奏太快，把我们逼得不得不焦虑。"

其实，焦虑是一种选择。如果你看到别人有什么，你就觉得自己也必须得有什么，那你肯定会焦虑。别人的房子比你大，别人的车比你贵，别人家孩子上的学校比你家孩子的好，这哪一样都能令你血压上升，晚上睡不着觉，这种焦虑是没有止境的。

不管你多么着急，人的一天也只有24小时，除去吃饭、睡觉的时间，剩余给我们的时间可能最多只有16个小时。在这16个小时里，即使你再有能力，抑或再努力，你也不可能什么事情都能做。人的精力是有限的，没有人可以做完所有的工作。

谁都希望自己的生活能过得更好一些，事业做得更大一些，钱赚得更多一些。但是，如果你不知道从哪里开始喊停，你就会像一列只会加速而缺乏刹车系统的列车一样，你以为等待着你的是提速，但更可能是脱轨。

04

除了会让事情变得更加糟糕外，焦虑还会产生另一个副作用，那就是让我们失去生活的乐趣。

大太阳下，一只小老鼠在拼命地奔跑。路过的乌鸦好奇地问道："小老鼠，你为什么跑得那么急？休息一下吧！""我不能停，我要跑到这条路的尽头，看看到底有什么。"小老鼠一边回答，一边继续向前奔跑。

过了一会儿，在路面上晒太阳的乌龟又问它："小老鼠，你为什么跑得那么急？晒晒太阳吧！"小老鼠依旧回答："不行，我要在太阳落山之前赶到路的尽头，看看那里到底有什么。"

小老鼠跑了很久很久，终于有一天，它跑到了大路的尽头，撞在了路边的一个大树桩上。“原来路的尽头就是一颗大树桩！”小老鼠非常失望，更令他后悔的是，他的一生也走到了尽头，曾经错过的太阳，与朋友玩耍的时光，再也回不去了。

不可否认，我们现在确实生活在一个快节奏的社会里。尤其是那些职场中的都市人，他们的生活就像那只小老鼠一样，人生被按了快进键，每天不停地飞跑：为了不迟到，他们步履匆匆；为了赶时间，他们在快餐店里狼吞虎咽；为了不错过客户和老板的召唤，他们让手机24小时开着；为了提升自己，“充电”学习进速成班；为了工作，他们把儿女情怀抛在一边……

他们每天都在跟时针、分针甚至秒针赛跑，脑海里只有“快一点儿，再快一点儿”的概念。然而，当我们正在为生活疲于奔命的时候，生活已经离我们远去。

无休无止的快节奏生活，给现代人带来丰厚的物质回报的同时，也给他们带来了心灵的焦灼、精神的疲惫、职业的枯竭以及健康的每况愈下。这些和时间赛跑的人最终会发现，眼前的焦虑已经使自己迷失了方向，甚至离健康的生活和生命的本质也越来越远。

05

木心先生曾经创作过一首小诗，叫作《从前慢》：

记得早先少年时，
大家诚诚恳恳，
说一句，是一句，
清早上火车站，
长街黑暗无行人，
卖豆浆的小店冒着热气，
从前的日色变得慢，
车，马，邮件都慢，
一生只够爱一个人。
……

如果把生活比喻成一首乐曲，在农耕文明时代，人们日出而作、日落而息，是牧歌式的生活节奏；在工业文明时代，人们的工作时间、生产流程都严格按标准定义，是钟摆式的工作节奏；到如今后工业文明时代，则又添加进了更多的竞争因子，变成了变奏。

然而，不管是哪一个节奏，你都不能任由它来摆布你的生活：太快的节奏会将弓弦崩断，不管外界的声音如何嘈杂、急促，我们都要学会找到属于自己的节奏，夺回乐曲的指挥权，而不是被那些恶意贩卖的焦虑所绑架。

不要把自己当作超人。人与超人间最大的不同，在于我们做不到像他那样胜券在握，我们不可能把任何事情都玩转于股掌之间，更不可能让所有的事情都按我们预设的轨迹去运行。对于未来，我们可以努力，但是对于最终的结果我们却不能奢求。

如果你觉得今天自己已经忙碌到快不认识自己，搞不清楚现在是几月几日几时，抑或连续一个星期没睡过一个好觉，就到了你要调节生活节奏的时候了。

放下一些自己不能掌控的事，抚平一些急躁焦虑的情绪，即便不能让人生的乐曲彻底改变，但若能听到一种美妙的旋律，每一个小节的音符都恰到好处，让自己的心能在其中尽情徜徉，这就是人生的无上修行了。

9 放下比较，才能得到幸福

一直有一个愿望，在红尘某处寻一方净土，暮鼓晨钟，安之若素。

可以沏一壶茶，看云卷云舒；可以读一本书，赏花开花落；可以听一首歌，从青春到暮年；也可以坐在温暖的老街，从春去等到秋来。

01

又到一年年末时，每年的这个时候，媒体和网络上都会出现一大批诸如“富豪作家排行榜”“中国年度作家评选”“华语网络原创音乐流行榜”等各类评选。

客观来看，排行榜是对某一相关同类事物的客观实力的反映，带有相互之间的比较性质。国人一向重视名利、崇尚列位，凡事似乎都要争个先后尊卑，这样一来，不少各式各样的排行榜总是看准时机，悉数出笼。

当大多数读者和网友对这些排行榜拼命叫好时，很多人挤破了头也要在这些榜单中占有一席之地。

在我们身边，这样的排行榜也并不少见，上学时有成绩单，工作了有业绩单。没有人不想当第一，没有人不想过得比别人好，谁愿意自己永远仰望别人呢？

我们在得到一些东西的时候，总是想要得到更多。犯这种攀比病的根源，就是人的虚荣心和贪欲。

所以，在学生时代，每次考完试大呼“这次考砸了”的，一定是那些平时表现不错的“学霸”们；热衷于整容、变漂亮的，一定是原本长得就好看的女生；觉得自己赚得少的，往往是收入都还不错的。

难道这些优秀的人天生就比别人矫情吗？其实不是，而是人们习惯于在各种比较中计算自己的幸福指数。对很多人来说，幸福不是我过得好，而是我过得要比你好。即使自己过已经得很好了，但只要身边有人超过了我，便会觉得心里不舒服。

02

曾经有人对一些重大比赛的获奖者进行幸福度调查，最后发现一个有趣的结果：一场比赛过后，对结果最满意的不是冠军而是季军，而对结果最不满意的往往是亚军。这是为什么呢?

因为比赛结果出来以后，季军心里想的是："我差一点儿就失去了奖牌，我真是太幸运了！"而亚军想的是："天哪，我如果再努力一些，我就是冠军了，好遗憾！"因为比较的对象不一样，就会使自己的心情天差地别。

我们所有人都活在一个需要时时刻刻与人比较的现实社会中，无处可逃，而且我们比较的对象往往是和我们比较亲近的人。

上周有个朋友跟我抱怨，觉得自己收入太少。

我很奇怪，因为他以前是一个比较容易满足的人，突然因为收入问题对工作产生不满，实在让人大跌眼镜。后来才知道，是因为公司招了一个应届毕业生到他的部门，而他无意中知道那个新同事的薪资，居然和他这个已经在公司效力了三年之久的老员工一样。得到那个消息之后，他便对这份工作开始有了新的审视。

难怪有一句老话说，"人比人，气死人"。生活中，因为有了生活和社会地位的差异，总有一些人怀有这山望着那山高的难填欲壑，总是眼睛往上看，进而发出一种活得不如人的慨叹，甚至产生对自己不满意的自卑心理，心情总是不舒畅，生活上也感觉不到幸福。

想起曾经看过的《伊索寓言》中有这样一个故事：

牛在炫耀其漂亮的角，骆驼见了羡慕不已，期望自己也能长出两只角。于是，他来到宙斯那里，请求给他加上一对角。宙斯因为骆驼不满足已有庞大的身体和强大的力气，还妄想得到更多的东西，气愤异常，不仅没让他长角，反而把他的耳朵砍掉一大截。

人外有人，山外有山，你不可能比所有人都强，如果只知道一味地攀比，只会使自己陷入痛苦的深渊。

03

我们为什么越来越不快乐？因为似乎身边的人都过得比自己快乐。

但是，你看到的一定是真实的吗？实际上，每个人都有两副面孔，人们总会把不为人知的一面放在心里，而把最灿烂的一面展现在人前，这是人本性的虚荣，也是自我保护的需要。而我们却拿对方最坚强的地方来对抗自己最薄弱的地方，又如何能轻松，如何能快乐呢？

就像那些满天飞舞、甚嚣尘上的形形色色的排行榜，表面上各持己见，各显其难以撼动的客观和数据，但又有多少是真正具有科学数据佐证的？

很多时候，这些光鲜排行榜的背后也藏着许多看不到的东西。

记得在十几年前，有一个所谓的“中国十大‘80后’作家排行榜”组委会通过QQ联系上我，大意是：该组织正在酝酿一份“80后”作家排行榜，我被荣幸地提名为十大作家之一，这份榜单即将在全国发布。

当时，对于我这样一个只出版过一本非畅销小说的作者来说，这简直是天大的好事，不仅可以增加知名度，还可以为我当年准备出版的新书造势。我听闻后大喜，连连道谢。

可是对方很快提出了一个“小小”的要求：必须让我所在地的媒体宣传报道此排行榜。我心想，这不是什么难事，便很快答应下来了。一个月后，“2006年度中国十大‘80后’作家排行榜”揭晓，我“荣膺”该排行榜第五，位列韩寒、春树、张悦然、李傻傻之后，当地媒体也很快报道了我入选“2006年度中国十大‘80后’作家”排行榜的消息。

很快，亲朋好友的祝贺电话和短信连绵不绝，各大媒体的跟进报道让我的名字不时出现在各大主流媒体之上。我第一次尝到了“排行榜”的甜头。但在开心之余，我发现上榜的这十位“80后”作家，有一半都是像我这样的“非著名作家”。

直到后来，我也参与过一些这种榜单的制作，才弄清楚了里面的门道。

某年年底，我应某文学网站之邀，制作当年的“‘80后’十大作家排行榜”。但是在着手制作之前，该文学网站已经递交给我一份五人名单，这五个人都是活跃在网络的新锐写手，文笔尚可，但缺乏名气。我几乎只用了不到一个小时，这份所谓的“某年中国十大‘80后’作家排行榜”就热气腾腾地出炉了。

同以前一样，这份榜单的前五名都是诸如韩寒、郭敬明这样真正具有影响力的作家，后五位则是那几位没有任何名气的写手。但是，当我将排名递交上去之后，那家网站却要求我对此排行榜进行修改，理由是缺少炒作点。

我冥思苦想了半天，终于做出了一个惊天地、泣鬼神的决定：将韩寒放在该排行榜的最末，将郭敬明直接从该榜单删除。

一个月后，许多门户网站以“‘80后’作家实力榜韩寒垫底郭敬明落榜”为标题报道了此排行榜，取得了相当不错的效果。后来我才知道，当年上榜的那五位文学新人均给该网站缴纳了金额不等的“赞助费”。

更让人难以置信的是，这样一份虚假、缺乏实际意义的排行榜，却在网络上堂而皇之打着“数据和民意”的旗号招摇过市，甚至吸引某些正规传统媒体的跟风炒作。当然这就正中榜单炮制者的圈套，而我们却要为这些虚假的东西买单，甚至为自己没有上榜而黯然神伤。

04

中国台湾著名漫画家朱德庸曾经说过这样一段话："我相信，人和动物是一样的，每个人都有自己的天赋。比如老虎有锋利的牙齿，兔子有高超的奔跑、弹跳力，所以它们能在大自然中生存下来。人们都希望成为老虎，但其中有很多人只能是兔子。我们为什么放着优秀的兔子不当，而一定要当很烂的老虎呢？"

几乎所有人都有过世界不公平的感觉：曾经的同窗好友，有的人豪宅名车，佳人在侧；也有的人每天早起几小时，只是为了赶上不太拥挤的早班公交车。

但是，世界上没有绝对的幸福，只有相对的快乐。我们和过去比、和邻居比、和同事比、和朋友比，比工资、比吃穿、比爱人、比孩子，似乎只有在比较中，我们才能找到自己在生活中的位置和分量。

我们最大的压力在于：想要的和已经得到的所带来的心理不平衡，从而引起心理上的落差。我们老一辈为什么比我们过得心平气和，就是因为他们能够甘于平凡。而我们生在这个造星时代，从小接受的教育就是要与众不同，我们也一直以为自己与众不同，长大了才发现，并不是每个人都能成为白天鹅，这就是现实。

但是，丑小鸭真的比天鹅更低级吗？不是，只有不接受自己是小鸭的事实而拼命伪装的行为才低级。承认自己的平凡，不用觉得不好意思，这反而是智慧的开端。

放眼望去，大千世界有太多东西可以供我们比较，但是我们每个人都有属于自己的位置和角色，我们不可能在每一个位置和角色上都做得出类拔萃、声名显赫。盲目地攀比是一剂毒药，它否定你的努力，忽略你所拥有的，无视你的价值，打击你的自尊，不仅会让你失去对未来的信心，久而久之，更会在一次次打击中丧失了自己的特色，徒增烦恼。

一个真正的聪明人并不会在与别人的攀比中体验过山车般的自负和自卑，因为他有平和的心态和诚实的态度，不管是对人还是对己，都是如此。一个愚蠢的人则会为了自己的虚荣而去攀比，为了面子而赔上一切，最终，别人对他毫不在意，而他自己却已经精疲力竭。

不要让攀比毁了你的幸福，不要把评判和审判的权利交给别人。只要你的今天比昨天好了那么一点点，就是进步，就是超越。因为，你是否优秀由你自己决定，从来不关别人的事。

10

山的那边是山，路的尽头是桥

01

曾经，在大家都还把QQ当作社交平台的时候，我在网络上发了条说说，内容大意是：我未来一定会拥有更强大的身体，并且看到更多的风景。

“可你看到什么了？”网友问我。

我使劲地想了想，说：“山的那边还是山。”

在那个不知天高地厚的年纪，挫折和困难在我看来都是矗立在天边的高山，等着我去征服，不管多难的事，只要我想，就一定能够做到。

不过，我这一幼稚的想法很快就遭到了现实的打击。

2010年8月，在我穿上警服一周年的那一天，我听着一位老阿妈的诵经声，开始了《藏香》的创作。整整四个月，厚厚的五本笔记本被我写满，初稿完成，全文共计16万字。

2011年春节还没过完，我坐在了绵阳的老家，在对全文校对一次后，开始向国内各出版社、出版公司、工作室疯狂投稿。当时，我对这本书给予了很高的期望，准备用它来打响我重回文坛的第一炮。激动之情无以言表，我仿佛看到眼前出现了一条金光灿灿的大路，连接着光明的未来。

一个月后，我陆陆续续收到了回函，不过，大部分都是退稿函。

因为几年前那件子虚乌有的“骗稿”风波，很多出版机构秉承着“宁可信其有，不可信其无”的态度，仍然对我持有怀疑，甚至还有编辑给我打来电话，义正词严地质问我：“廖宇靖，这篇小说真的是你写的吗？”

在那个灰暗的时刻，只有西南某出版社的编辑给了我一丝希望。他在看过作品之后第一时间联系到我，告知选题通过，可以立即签约。

我欣喜万分，想到多年的沉寂终于可以看到自己的作品出版，之前就算有再多的委屈和辛劳都是值得的。可是，对方编辑很快又泼了我一盆冷水：“出版可以，但需要用你的笔名。”

我很疑惑，从开始文学创作以来，我从未用过任何笔名，为何现在反而要用假面目示人呢？

对方支支吾吾半天才回答道：“因为当年的负面事件，用你的真名担心会影响这本书的发行和销售。”

为何我没做错任何事，却要我承担这个错误的后果，甚至一辈子躲躲藏藏？虽然我无比渴望自己的作品能被读者看到，但最后的自尊让我没办法这么做。

我拒绝了这位热心编辑的提议，难受和绝望让我几乎失去了再去寻找出版机构的勇气。

02

失去和机遇总是如影随形。

在我最绝望的时候，北京一家出版公司的编辑找到了我。虽然对方只是一家出版代理公司，但我像抓住最后一根救命稻草一样，没有任何的迟疑和犹豫。

谈妥版税、签约合同、设计封面，所有流程用一种难以想象的速度迅速推进。编辑小强对我说：“公司计划于8月将《藏香》在全国上市！”看着精美的封面，我难以抑制内心的兴奋。

但是，看似板上钉钉的事又一次发生了变故，问题接踵而至。

按照我最初的想法，是要把《藏香》打造成一部主旋律的军旅题材长篇小说，但这样的读者定位显然有些小众。为了迎合读者的爱好，出版公司要求我将小说改成一部主打女性读者的言情小说。

从军旅到言情，这是一个多么大的跨度，这也就意味着，我已经写好的全稿要进行大面积的修改和删减，难度不亚于重新创作。

面对这样一个庞大而又精细的工程，修改工作实在不知道从何下手。再加上那段时间案件陡增，长期在外地办案的我将《藏香》的修改工作一拖再拖。文稿放得久了，对它的感情也慢慢变淡了。半年后，当我再次打开《藏香》的Word文档，面对选题大方向的调整依然毫无头绪。

然后，就没有然后了，我的《藏香》之路似乎到了尽头。

03

与此同时，我的另一本小说《川藏秘录》的出版同样不顺利。

在创作《川藏秘录》前，我对小说的读者进行了定位：悬疑推理和寻宝等爱好者、西域文化爱好者。初稿完成之后，我按照习惯对全文进行了一次校对，然后带着希望又开始了慢慢投稿路，但它带给我的波折也让我始料未及。

第一个签下《川藏秘录》的是一家中央级出版社，和《藏香》一样，我们的初期接洽和签约工作非常顺利，甚至从谈版税到最后签合同，只用了短短一周的时间。这一次，我没有再在版税和首印量上纠结，因为我太渴望看到自己的作品印成铅字了！

之后，我开始了漫长的三审等待。一个月后，一个消息从出版社传来：书稿因题材敏感，需上报国家有关部门审核，审核时间为一年左右。编辑也提出了修改意见：要求我删除所有涉及民族、宗教的内容。

我的回答是：删了这些，《川藏秘录》就没有灵魂了。在我的固执坚持下，终于和这家出版社不太友好地解约了。但我没有因为这次受挫而失去信心，反而更坚信好的作品经得住任何考验。

又过了几个月，北京一家出版代理公司找到我，强烈希望签下《川藏秘录》，且不用做大规模的删改。没有太多的考虑，甚至没有问稿酬条件，我立刻答应了下来，我的直觉告诉我，这也许是我最后的希望了。

接下来，我再次开始了漫长的等待。期间，我多次询问并质疑图书出版进度，却一直被告知书稿正在走流程，很快就会在全国上市。那个时候，我心中其实已经有了一种不祥的预感。

直到次年5月，在出版公司一再保证出版没有任何问题的情况下，我得知书稿被出版社终审“枪毙”了，原因也是因为部分内容较为敏感。

04

《藏香》和《川藏秘录》的接连受挫，让我备受打击。为了出版，我甚至尝试联系了多家台湾地区和香港地区的出版社，但最终也是石沉大海。

两条路都走到了尽头，在那一刻，我脑海中突然就响起了李宗盛的《凡人歌》：“你我皆凡人，生在人世间，终日奔波苦，一刻不得闲。”

可能有些事情注定是人力不可为吧，山的那边还是山，可我实在没有力气再去攀登了。终于，我把看了无数遍的稿子收到U盘中，然后将全部精力都投入到高原的刑侦工作上。同事们都说我那段时间英勇异常，不要命地往前冲，但其中缘由只有我自己知道。

世间万物，很多的事情都自有它运行的规律。功夫到了，自然是水到渠成，但是，这期中所要经历的种种，以及需要耗费的时间，谁都无法将它们规避或者节省掉的。

当时，万念俱灰的我完全没有想到，真正的转机已经悄然而至。2014年初，两本书稿陆续得到了出版，销售情况也大大超出了我的预料。不过，面对这个结果，我的心里已经波澜不惊了。

很多人都说，人在大悲大喜的时候，保持平常心才是最好的。但是，什么是平常心呢？我认为，所谓的平常心，其实就是指一种顺其自然、不加强求的心态。

“流水下滩非有意，白云出岫本无心。”随遇而安，并不是消极的人生态度。恰恰相反，这才是生活在这个世间，人应该具备的一种成熟与积极生活的姿态。

不管面对什么境遇，抱着美好的愿望去做事，但不要抱着必胜的信念去要求。目的单纯一些，对结果要求少一些，才能在积极地进取和顺其自然的态度上取得一个平衡。

05

有不少读者向我倾诉过失意的痛苦，他们问："路走到了头，还能看到什么呢？"

在电影《无名之辈》里，我学到了一句话，"不要怕，路走到了头，还有桥。"我也想把这句话送给所有暂时生活在黑暗中的朋友。

如果你曾经或者现在正在经历一段穷途末路的时光，不要绝望，不要哭泣，你只需要记住：路的尽头没有了路，还会有桥的。要想顺利登上这座桥，可能需要你耐心等待一段时间，可能需要你付出一些代价去交换，或者可能需要你用双手去亲自搭建，但不管怎样，它总会出现的。

我们每个人都是无名之辈，我们每个人都是芸芸众生中的一员，每条路的尽头都有一座桥，无论如何，笑着活下去。

不要与自己的平凡为敌

YUZIJIWOSHOUYANHE

1 平凡不可怕，走入平庸才可怕

01

某年某月的某一天，在家人殷切地期待下，你，诞生了。

早在你还没出生之前，你的父母就已经为你起好了名字，叫作文，因为希望你能像文曲星下凡一样，学业有成，出人头地，为家族带来荣耀。

12年寒窗苦读，你没有辜负家人的期望，成功考入了全国知名的大学，选了当年最热门的专业。来家里道贺的亲朋好友踏破了门槛，父母更是激动得泪眼婆娑、手脚无措，倒把你这个主角冷落在了一边，你看着那些亲戚们艳羡的目光和同辈孩子们冷漠的眼神，感觉自己像是这场盛宴里面的局外人，没有欣喜，只有如释重负。

进入大学之后，学校里人才济济，你的成绩在班里只能算中下游，但又有什么关系呢？因为你读的是名校，在招聘会上随便走一遭，就有很多世界五百强的公司主动向你抛来橄榄枝，甚至大学还没毕业，就已经将Offer拿到手软。

顶着名校的光环，你毕业了，选择了一家业内著名的互联网公司。工作第一年，项目工作非常悠闲，钱多活少离家近，你生活得非常开心。但慢慢地，你发现身边熟悉的同事和同学越来越少，很多人跳槽了，朋友们也都以各种理由离开，去别处发展了，听说一个月的工资相当于你在这里工作一年的工资。

以往看电视剧、刷手机的生活再也不能给你带来任何乐趣，你开始抱怨公司体制，懊悔自己浪费了宝贵的青春。虽然过年回到家里，你仍然是家族中孩子们的榜样，但你的心里开始有了隐隐的不安。以前，你厌恶那些亲戚们谄媚的嘴脸、虚伪的夸奖，但你现在才发现，自己其实非常享受这种待遇。

一直以来，你的路都走得太顺畅，这种高傲与自信已经深入骨髓，你已经无法接受自己落在他人之后。看着以前不如自己的同事、同学，一步步缩小了与自己的差距，你的心里越来越着急。你开始慢慢地意识到，你并不是什么天之骄子，你也只不过是一个平平凡凡的人。

然而，要接受自己从天上落入地下的事实，这个过程非常痛苦。有时候，你告诉自己要坦然接受自己能力的极限，接受平庸的事实，但没过多长时间，你发现自己真的做不到。你的心里仍然有一团火，在夜晚烧得你辗转反侧，你无数次在心里呼喊，只要好好努力，你还是有机会再回到当年天之骄子的位置上，要不要冒险一搏？

02

为了将自己拽出平凡的泥淖，你找到了一个看似可行的自救之法——出国留学。在备考的过程中，你内心的焦虑减少了许多，仿佛看到自己重新成为众人羡慕的榜样。

此时此刻，你的内心依然是骄傲的，尽管未来的路还不知道该怎么走，但你重新找到了骄傲的理由。同事和朋友们惊叹于你的毅力，亲戚们的目光又重新变得炙热，虽然父母的眼中开始有了一些担忧，但你全都装作没有看见。与其说你的努力是为了更好的生活，不如说是为了证明自己并非凡人，你终于又一次找到了和别人不一样的理由。

留学的日子总是看上去很美，当同学们旅游、参加聚会的时候，你在攒钱赚学费；当同学们吃喝玩乐享受生活的时候，你在图书馆查资料到通宵达旦……你开始羡慕那些生来就衔着金钥匙出生的“富二代”，他们可以生活得毫不费力，对于他们来说，所谓的留学不过是一场度假，但对你来说，却是押上身家性命的一场豪

赌。因为如果不努力，便会一无所有，不仅会重新变成那个碌碌无为的自己，而且连这些年的时光也都错失了。

在外面的这几年，看到的风景越多，遇到有故事的人越多，你越是深刻地体会到自己的渺小和普通，你开始嘲笑自己曾经天之骄子的自信：那不过是一个乡下人坐井观天的痴人说梦罢了。

留学生涯逐渐接近尾声，经过一番曲折的较量，你成功找到了渴望已久的工作，父母那儿也可以有个交代，你悬着的心终于放下来了。

一切仿佛来得那么自然，中间那些死去活来的折磨仿佛从来没有发生过。你心里既没有高兴，也没有失望，对于未来，似乎又没有了希望，当初激励自己的那份渴望不凡的自信，却从生活中彻底消失殆尽了。

环顾四周，当初围观你的人群已经各归其位。国内的朋友，一个个结婚生子，安居乐业；曾经把你当作偶像崇拜的同辈亲戚也都各自找到稳定的工作，每天开心、幸福地活着。

于是，生活又一次恢复了平静，你又一次恢复了朝九晚五的日子。偶尔有一次，听到公司两个刚来的实习生在讨论“一个人到底应该甘于平凡，还是拒绝平庸”时，你偷偷地笑了，因为对这个话题自己再也没有了兴趣。此时此刻，你只想回到家人的身边，陪着他们吃一顿自己亲手做的晚餐……

03

生活中，我们总是在赞美平凡而拒绝平庸。这两个词虽然只有一字之差，意义却千差万别。

那么，到底什么是平凡，什么是平庸，它们的差别在哪儿呢？

有人说，平凡是指一个人明明非常优秀、非常成功，却依然以一颗平常心来对待自己和自己取得的成就，善待身边的普通人，不骄傲自大，也不盛气凌人；而平庸则是指那些没有明显的缺点，也没有明显的优点和特长，从来没有在任何领域表现出任何优势，也从未取得任何成功和突破，一生碌碌无为的人。

还有人说，在面对无常的命运时，平凡是主动地选择，平庸是被动地接受。人可以平凡，但不能平庸，我们要永远保持一颗甘于平凡的心，但千万不能自甘平庸。

关于平庸与平凡的关系，路遥在《平凡的世界》中借故事主人公孙少平之口作出过一番精彩的阐释：

“我现在认识到，我是一个普普通通的人，应该按照普通人的条件正常地生活，而不要有太多的非分之想。当然，普通并不等于庸俗。我也许一辈子就是个普通人，但我要做一个不平庸的人。在许许多多平平常常的事情中，应该表现出不平凡的看法和做法来。因为，在最平凡的事情中都可以显示出一个人人格的伟大！”

但是，我们为什么一定要设立一个障碍，将平凡与平庸对立起来呢？

平凡并不是优秀者的特权，一个平庸的、毫无特色的普通人也可以享受平凡的幸福。对于很多人来说，我们不仅要接受平凡，更要学会理解平庸。

平庸本身并不可怕，承认自己在某方面确实技不如人，承认这个世界上总有人比自己更优秀、更努力，并没有什么丢人。反而不敢面对真实的自己，自欺欺人、自我催眠，在虚假的生命里盲目地粉饰太平，随便找个理由随波逐流才是最可怕的。

04

一个人越在意什么，越会炫耀什么。

当你赞美平凡的时候，有没有一瞬间是在为自己碌碌无为的一生开脱呢？

从自诩“不平凡”到“不甘平凡”，再到“不在乎平不平凡”，其实也是一种进步。

不要害怕自己平庸，平庸本身没有错。事实上，对于这个世界上大多数人来说，大家都会平庸地过完自己的一生，你唯一需要注意的是：不要让自己一步一步走向平庸，却在无法挽回的时候，理直气壮地说“我本可以”。

一个人可以平庸，但不要放弃对卓越的追求，就像之前在网络上看到过的一个问题：“比我优秀的人比我还努力，那我还需要努力吗？”

这实在是一个愚蠢的问题，比你优秀的人比你还努力，那又如何？难道这个借口可以成为你自我放弃的理由吗？

每一个努力的灵魂都应该被生活温柔以待。因为人生很贵，请别浪费；因为人生无法透支，你必须竭尽全力。面对苦难，请全力以赴，也许不能让你未来无忧无虑，但至少会让我们的明天无怨无悔。

即使我们再努力，可能也赶不上某些“富二代”的起点；即使我们再拼命，可能也脱离不了现有的阶层；即使我们拼尽全力，最终还是和那些很优秀的人相距甚远，但总有一天，你会感激那个曾经努力的自己。

因为，真正生命的丰盈从来不需要这些外在的东西来定义，真正的生活是丰富，是华丽，是尽力去拥有，再尽情去享受。这才是我们努力的结果，也是我们活着的全部意义。

2 烟火人生里的诗与远方

从明天起，喂马、劈柴、周游世界，从明天起，关心粮食和蔬菜，我有一所房子，面朝大海，春暖花开。

——海子

01

西藏，是很多人梦想的圣地；高原，是离天堂最近的地方。

在我上川西高原之前，为了对这个地区多一份了解，我阅读了大量关于藏区、关于康巴藏族的图书。可是，当我翻越折多山，真正抵达时，我的心灵还是为之一颤。

在这个世界上，我找不出任何的词语来形容它的壮美、圣洁和纯净。在这里，闭上眼，你仿佛可以化作一粒沙，在空中随风飞扬。在川藏地区行走，常常可以看到磕长头的虔诚信徒。他们一路走，一路朝拜。他们的手和膝盖很脏，但他们的心灵却很干净，因为他们在用生命追寻自己的信仰。

然而，不知从什么时候起，“去西藏”成了很多小资文艺青年的必备节目，他们打着“去西藏寻找灵魂”的口号，借着事业不顺或爱情不顺的由头跑去西藏，以此来让自己的灵魂得到救赎，心灵得到洗礼。

在川西高原从警多年，因为工作的原因，我认识不少到藏区来旅行的游人，其中大部分都是来“洗涤心灵”的。

对于这个说辞，我一直持有一种旺盛的好奇心和探究欲。有一次，我在采风的途中遇到了一位独自来西藏穷游的女孩，她兴奋地告诉我，自从来西藏旅游后，她得到了很大的精神财富，感觉自己获得了重生。

我赶紧问她，是什么精神财富？她很骄傲地说，她学会了思考和感恩……

得到这个答案后我更加困惑了，甚至是百思不得其解，他们到底是用什么洗涤的？能有这么大的功效，是雪山的雪水？酥油茶？还是哈达？为什么我在藏区这么多年了，还是没啥变化？

02

对于有些心灵，硫酸都洗不干净，别说西藏了。

我记得，那应该是我去甘孜的第二年，刚授衔不久。有一天，我接到指挥中心指派的任务，去营救几位探险遇困的“驴友”。

也是因为这件事，我认识了资深“驴友”王尼玛。当时找到王尼玛的时候，他和他的同伴已经饿得快不行了，蜷缩在山洞里靠身体取暖。

王尼玛说我是他的救命恩人，说还会回来看我。一个月后，王尼玛真的回来了，还给我带来了各种好吃好喝的。吃饱喝足后，王尼玛给我讲了他来藏区的理由。

王尼玛喜欢旅游，而中国地大物博，美景多多。一开始，王尼玛所到之处必定被朋友夸赞“好美，好羡慕你”。后来王尼玛收不到赞了，因为他去过的地方大家也都去了，放眼望去，大好河山竟然都变得平平无奇。

怎么才能引发轰动性效应呢？这时候西藏进入了他的视线。就这样，“净化心灵”成了他去西藏旅游的最好借口。

乍一看，“净化心灵”还真是一个超越平凡的捷径，格调高，够文艺，还有《天路》做背书，只要花点儿钱去旅个游，就能立刻跟凡尘俗世里的上班族们拉开差距，给自己蒙上一种超凡脱俗的气质，这笔买卖够划算！

03

以前有好多人问过我，当初为什么会选择去甘孜从警？为了寻找人生真谛？为了救赎自己的内心？还是为了寻找文学创作的灵感？

怎么会！我哪有这么高尚的情操。

我去川西高原从警，目的之一是解决一个穷作家的温饱问题，体制内，“铁饭碗”相对于内陆公务员要好考得多；其二就是奔着壮美的风景去的。

等我辞职回来后，觉得收获最大的也是风景的震撼，至于网络上煲的各种洗涤心灵、历练自我、得道升天的“鸡汤”，煲好了送到我嘴边都没有喝下去过。

高晓松曾说：“生活不只眼前的苟且，还有诗与远方。”这句话让很多不满足于平凡生活的人重新找到了生活目标。这种感受我们每个人都可能经历过：当每天被各种琐事忙得焦头烂额的时候，谁都会特别想从生活中消失，去重温一下放纵的滋味。

世界那么大，每个人都想去看看。

外面的世界真的很大，可以安放很多无法疏解的情绪，让人可以暂时逃离压抑和平淡的生活。有些人因此辞职去旅行，花光积蓄也要去环游世界。然而，用这种看似自由、洒脱的方式走向远方，并不能给我们内心带来真正的宁静，反而会遇到更加尴尬的状况：

在外逃避几天之后，还得回来面对更加苟且的苟且。

至于那些去踊跃朝圣的小清新们，从西藏回来后，大部分只是电脑里多了一个叫“西藏”的照片文件夹，所谓的灵魂呢？大多是没有找到的。

他们利用这种方法确实可以在短时间内让自己暂时逃离生活的压力，获得片刻的安宁。但直到疯狂的假期结束，他们才会悲哀地发现，自己并没有影视剧中主人公那么幸运，生活也没有因为这一次叛逆出走而产生任何好转的迹象，反而变得更加难以收拾。

究其原因，真正的“诗与远方”并不是让你放下现实中的一切，去追求那虚无缥缈的自由和不凡，而是让你在滚滚红尘中保留一份清醒的头脑，看清楚生活的本质，了解人生的意义。倘若心里有一片桃花源，又何必非要去远方寻找；倘若自己的心灵满地疮痍，又岂是逃避所能解决？

04

我曾经也和很多年轻人一样，独自背着行囊，走向承载着我所有梦想的318国道。

成都至川西高原，全程近2000千米，需要翻越12座海拔4000米以上的山峰。在悬崖峭壁旁行走，一次小的疏忽便可能连人带车跌入滚滚波涛，无迹可寻。此外还得应付各种恶劣的天气，暴雨、暴雪、冻雨、浓雾、冰雹、逆风随处可见。你要一路行走，一路默默祈祷，以求不被落石砸到、不被塌方掩埋……三年间，我徒步走遍了川西的山山水水，用双脚丈量了通往天堂的距离。

我曾经步履不停，去过一百座不同的城市，我行走的足迹可以绕赤道两圈。看到的风景越多，到过的地方越远，我对美的感觉就越来越麻木和迟钝。

我不知道自己最喜欢哪座城市，我只知道，当我每次回到成都，都想把自己闷死在这潮湿温柔的空气里。

人民公园的豆花，青石桥的荞面，卧龙桥的串串香，玉林的麻辣烫，华兴街的小吃和戏曲……

我看到过一个老外操着流利的四川话，在一家川菜馆点菜："老板儿，给喔（我）来一碗冒菜，再打一份儿干碟，海椒面多放点儿，不辣不给钱哦！"

其实，成都也有很多不好的地方，比如天气闷热，比如早上出门上班，晚上回家时路就被封了，等等。但无论怎样，我就是爱她。因为，美酒成都堪送老，当垆仍是卓文君。

风景，不仅只在险峰，也可以就在眼前。我越是行走，就越发地明白：一万个美丽的过往，也抵不上一个温暖的现在。也就是从那时起，我拿起了相机，成为行走在成都这座城市每个角落的拍客。

每一张照片，都是我们以后的记忆。我想用镜头去追寻这座城市的光荣与苦涩，用脚步去丈量这座城市的曾经与未来。不管世事如何变迁，我的镜头不会撒谎，边走边拍，是人生最华美的奢侈。

一座城市的模样，取决于你凝视它的目光，你给你所栖身的城市多少爱，你就会收获多少爱。蓝天会以你善待它的方式报答于你，城市会以你爱她的方式回馈与你。这种简单的幸福，便是这座城市能给予我们的，奔波中片刻的青葱记忆、浮华中难得的静逸生活。

我每天都从家来到春熙路，每天的风景都不同。我不知道自己是否已找到人生的真谛。但我知道，如果我在这里找不到，在西藏同样找不到。

05

你问我什么是“人生的真谛”？我只想说，那只是用来卖弄、装格调的措辞。

人，要么孤独，要么庸俗。当你出去寻找传说中的“诗与远方”，只是为了能在微信朋友圈多发两张图片刷存在感时，只是为了能跟别人吹嘘自己去过西藏、丽江时，只是为了让自己看起来清新脱俗时，你已经俗不可耐了。

西藏那么美，好不容易走出来享受一下，为什么要用这么宝贵的时间去思考“人生的意义”“人生的真谛”，这种人类思考了几千年都没想通的事情？

一万次穷游，不管是到西藏还是去云南，都改变不了你的平庸。

所以，不要抱着一颗寻找人生真谛的心踏上去西藏的路，那样会太沉重。作为一个成年人，你应该明白：人生中所谓的自由，不是诗和远方，不是随心所欲，而是对自我的主宰。

每个人都希望自己的一生是“琴棋书画诗酒花”，但终究逃不过“柴米油盐酱醋茶”，一辈子是场修行，短的是旅行，长的是人生。烟火气中的诗与远方，才是生活本真的味道。

3 其实你很好，只是你不知道

01

前阵子，一位刚刚开始学做自媒体的朋友给我发来微信，言语之间充满了沮丧，她说：“本以为文学是现实社会最后一片净土，没想到依然不能免俗。”

自己辛辛苦苦，为了写一个故事花费好几天的时间去采访、找素材，但码出来的文字发表了几天才有几个人点赞。而某些所谓大V的文章，拼拼凑凑，甚至仅仅是把从各处抄袭来的文字进行简单的排列组合，却能转眼之间成为网络爆款。原因仅仅是因为，他们取了一个劲爆的标题，或者用些香艳、劲爆却虚假的故事来吸引眼球。

是违背自己的原则去迎合大众的喜好，还是就这样半死不活地坚持？

她觉得自己越来越找不到方向，甚至对自己产生了怀疑，她觉得自己快坚持不下去了，梦想和情怀，都抵不上现实的无情。最后，她疑惑地问我："是不是我写的故事不够精彩，是不是我根本不适合这一行？"

我曾经看过她写的文章，文笔扎实、想象丰富，有一种现在年轻人中难得一见的灵气与真诚。只不过由于写作经验较少，在情节和人物塑造上还有一些生涩稚嫩，如若假以时日，必然能够闯出一条属于自己的道路。

我没有回答她的问题，而是反问她："你还记得当初写作的初衷是什么吗？"

她想了想，回复道："刚开始，我只是想跟大家分享自己的生活。在文字中，我可以收获很多的能量和力量，可以让我倾诉内心的声音，这也是我反思生活的一个通道。所以，我只想写自己想写的文字，否则我的内心就无法接受。"

"那你为何要为外界的标准而怀疑自己呢？"我鼓励她说，"你的故事写得非常真实，非常用心，这是大家都能看到的。做自己喜欢的事，不要太在意结果，时间会给你答案的。"

几个月后，我不出意外地收到了她的好消息，关注她的读者越来越多，她也找到了属于自己的风格，对未来充满了信心。

我想对她说："其实你很好，只是需要一些时间来证明。"

我们很多时候总是想着立竿见影，却忽视了时间在这里面的重要作用。任何事情都需要积累，而积累就是时间和空间的层层叠加，最终产生一个共振的效果，也就是所谓的量变引起质变。

在暂时没有得到自己想要的结果的时候，谁都难免会怀疑自己，尤其是在自己所做的事情与大众的选择相左的时候，本来就孤独脆弱的信心就更容易动摇。这时候，只要我们能够保持清晰的头脑，不被心中的焦虑和恐惧轻易驯服，我们就能够得到坚持下去的力量。

一个人若想在某一方面获得自信，需要时间慢慢地积累。在这期间，你要学会欣赏自己的努力，更要学会欣赏自己的进步，千万别着急、别气馁。

02

曾经在微博上看到过这样一个故事：

在国外某个论坛上有一个被称为"Roast Me"的找骂版块，每天有很多人在上面找骂或骂人，有点儿类似国内的吐槽大会。

只要这个找骂者年满16周岁，并发布手持"Roast Me"纸片的自拍，就代表他签署了"网络欺凌同意书"，接下来，他就会收到很多网友的“毒舌”批评。若他没点儿心理承受能力，完全招架不住四面八方汹涌而来的“骂声”。

有一次，一个患有严重忧郁症的17岁俄罗斯少年觉得自己一无是处，为了给自己一个尽快结束生命、离开这个世界的理由，他在这个版块发帖，请求网友狠狠骂他。没想到，这群“毒舌”的网友却突然温情起来。

有人和他分享自己的故事：“几年前，当我在抑郁症最低谷的时候，一天躺在床上22小时，不吃东西，也没人来探望我。但是我有一个朋友每天打电话给我，我知道我不能就这样结束自己的生命，让我的家人和朋友失望。”

有的网友对他进行鼓励：“孩子，我不会用文字来伤害你。你和我有着一样的眼神，这让我觉得很难过。我不会说你，而且如果你需要和谁说说话，我每天都在这里。握紧拳头坚持住。”

有的网友温情地赞美他：“你看起来像是个笑起来有着大大的、超棒的笑容的人。”

还有的网友回忆起自己惨痛的经历：“你和我三个月前自杀的儿子一样大，请你千万不要伤害自己，我知道你的生活中会有人因为你的离开而无比伤心。因为我的儿子生前不知道有多少人爱着他，也不知道他走后我们有多难过。”

……

这些网络上的陌生人你一句我一句的回复，往日兵戎相见的“吐槽”版块此时此刻却变得无比温暖。大家拼命地留言，只为告诉这个对自己失望透顶的孩子：你并不是真的一无是处，你在别人的眼中还有这么多优点，这么多人都不愿放弃你，你也千万不要放弃自己。

我想对他说：“其实你很好，只是需要绽开笑容，让这个世界知道。”

现在抑郁的人越来越多，不少人觉得自己一无是处，所以才陷入抑郁的痛苦深渊。在越来越大的生活压力面前，我们常常痛苦地看到自己的渺小和无奈。但是，抑郁并不是终点，而更像是一场感冒。当我们心情低落时，不妨停下来，重新贴近自己，重新思考自己和看待社会，相信不久我们就能够重新找到对自己的定位，看到自己的价值，看到自己的好，走出阴霾的泥潭，重新走上一条充满阳光的路。

学会接纳自己的缺点，懂得欣赏自己的优点，这时你会发现，原来生活每天都是充满希望的。

03

熟悉我的人都知道，我从小就是一个非常“宅”的人，甚至有些内向孤僻。

从小到大，我都觉得自己是一个不受欢迎的人，很多熟悉、不熟悉的亲朋，对我的评价都是“文静”“内向”等，在我看来这些是形容女孩子的词语。

不止一次，在看到聚会上其他人谈笑风生的时候，我心里非常羡慕。我无数次希望，如果我也能拥有这么娴熟的社交能力就好了，甚至因此陷入自我鄙视与嫌弃中。我也曾在年少时，自卑地认为没有女孩会喜欢像我这样的人，自己会一个人孤独终老。

然而，事情并未朝悲观的方向发展。上大学的时候，曾经有女孩子红着脸夸奖我，说我是一个温柔的男孩子。后来，初恋女友在谈及当初对我动心的理由时，说：“我还记得你当初是那么温柔的一个人。”

那时年幼，不能理解她们口中的温柔到底是种什么东西，只是傻傻地觉得那是对自己男子气概的侮辱而闷闷不乐。现在，我又觉得温柔其实也没什么不好，温柔不是懦弱，而是一种力量。

社会上存在着太多的刻板印象，比如只有外向的人才是胜者，拥有强壮外形的人才是强者，等等。但是，任何事情都是一把双刃剑。沉默可以是一种力量，温柔可以是一种力量，和平也可以是一种力量。那些过于坚硬的东西在很多情况下更容易发生脆断，而真正不灭的力量反而来自于以柔克刚。

人总会长大，不知道究竟要被世界打倒过多少次，才能笑着面对世界。所以，你终将会变得温柔，变得没有什么可以动摇你的本心，这是你的伤痛，更是你的成长。

直到现在，我开始与真正的自己正面相遇，我才开始喜欢自己这种“安静却有力量”的性格。我的内向不是孤僻冷漠，不是乖张任性，而是不愿意凑热闹，我可以和真诚的朋友真心相处，可以用最自然的反应去面对这个世界。这并不是我的缺点，而是我的一种幸运。

我想对你说：“其实你很好，不要总是对世界充满抱怨，对自己充满失望。只有学会理解自己，用自己的行动和努力去改变，你才会变得越来越好。”

04

生活中很多人都有过这样的感受：

从小到大，自己就像影子一样“透明”地存在着，没有擅长的东西，无论是乐器还是舞蹈，抑或是书法和绘画；没有自己的存在感，无论是在班级里还是在公司里；没有做出过一番成就，就算很努力去做某一件事情，也从来没有得到自己想要的结果……

这种“普通”的“毫无价值”的人生，时常会让人陷入焦虑和自我否定的情绪中无法自拔，哪怕是一件小事，一个表情，都可能会成为压倒骆驼的最后一根稻草，让人在某个瞬间觉得自己就是一个一无所有的失败者。

但事实真的是这样吗？很多时候，你觉得自己不够好，只是因为你对自己的看法太过片面。虽然你可能认为自己敏感、沉默、不善交际，但在别人眼中，你却认真负责、乐于助人、善于倾听；在父母眼中，你是他们生命中最重要的存在；在这个世界眼中，你更是前无古人后无来者的独一无二！

最后，我想对你说的是：“其实你很好，只是你一直都不知道。”

每个人都有自己独特的闪光点，不要一直盯着自己的短处不放，试着多去欣赏和肯定自己，鼓足勇气，一往直前。只因为，路还那么长。

4 在自我的小世界里，请你自命不凡

01

一个人活得平凡是一种什么样的体验？

在回答这个问题之前，我想先讲两个故事。

第一个故事，是关于我的父母。

我的父母都是铁路工人。父亲是一名在铁路战线上工作了三十年的老铁路人，他见证了绵阳火车站从动工到投入使用以来的每一个发展历程，也见证了一座车站与一座城市的发展。

父亲是个内敛的男人。没有魁梧的身体，没有出众的外貌，更没有显赫的家世，但正是这样一个男人，吸引着母亲并指引着我前进。

父亲最早在火车站食堂工作，烧得一手好菜，会做各种各样的美食。后来，他调整为火车站的售票员，每日要面对烦琐的各种票种。也是在那一年，我出生了。

父亲是个沉默的男人，不玩麻将，也不打牌，平时爱和朋友喝喝小酒，休假的时候爱去郊外钓钓鱼，这也算是修身养性了。因为父亲的沉默，使得我们父子间的交流少之又少，鸡毛蒜皮的琐碎事我总是去找母亲。但正是这样一个男人，教会我做人，教会我处世。

铁路行业有一个不成文的规定，内部职工可以免费乘坐火车。但父亲是倔强的，不管是去哪儿他都主动购票，手中的工作证他没有用过一次。小时候我以为这是傻，但父亲总是这样以身作则，用生活中的种种举动教育着我。

父亲是节俭的，即使父母都有着固定的经济收入，但他却很少上街买衣购鞋。平时工作时他穿铁路制服，休假的时候他就随便穿一件过时已久的衣服，一双褪色的皮鞋。父亲至今还会穿20世纪80年代款式的衣服。走在街上，不时有人对父亲的穿着指指点点。前不久父亲去一家名牌服饰店购衣，当父亲脱掉外套，露出满是补丁的内衣时，旁边年轻的导购员唏嘘不已。即便花花绿绿的世界，也改变不了我的父亲。

我艰难地敲打着键盘，不停地思索这样一个和我没有太多言语的男人，我该用什么样的文字去书写。父亲是平凡的，父亲只是在循规蹈矩地生活着，他没有刻意去教育我，他只是用自己的一言一行暗示着我，路该怎么走，人该怎么做。

02

那一年，国营305厂还耸立着终日冒着浓烟的烟囱；那一年，液压厂内的游泳池和篮球场，总是回荡着我和同伴们的欢声笑语；那一年，父亲的先进班组流动红旗是我青春最骄傲的符号；那一年，跃进路的盖碗茶、绢纺厂外的银杏、华丰厂内的红砖房、新华巷内的铁匠铺……

生命的美丽在于可以装载最美的过去，但最美的时光却总是最容易逝去的。

我不知道你们是否接触过这种国营企业的大院，虽然生活在里面需要遵守很多的规矩，但对于我们这群孩子来说，那里就是一个封闭的王国。我们不用出大院，就可以做你想象得到的所有事。这个大院里有学校，有工厂，有食堂，有各种娱乐设施，那里面什么都有。

生活在大院里的我们这群孩子，在那个时候是非常有优越感的，父母都是“铁老大”的职工，捧着“铁饭碗”，因此我们经常组队和外面的孩子打架。

对于我们这些铁路大院里长大的孩子来说，人生轨迹大多数都被安排好了：初中毕业去当兵，退伍后分配到铁路系统，成为一名铁路工人。所以，对于我们来说，小时候根本不用好好学习，长大后也能得到一份“铁饭碗”的工作。

当然，我是一个另类，我没有走他们那条路。因为我不想成为大多数，我想成为不普通的人，所以也就有了我这十多年的折腾。

走上那条路的人呢，他们中的大多数都成为一名普通的铁路工人，还有很多人被分配到偏远地区的铁路部门工作。不过现在我却觉得，他们一点儿也不平凡。

03

有一天，我回到了我们当初生活的铁路大院，突然，我发现大院已经不年轻了。

很多人搬出了铁路大院，我家也在铁路大院附近买了电梯公寓。记得前几年有一次回家，从22楼往下看，我们曾经的铁路大院居然没有一点儿灯光。我问父亲：“大院现在没人住了吗？”他说：“有啊。”仔细一看，果真有微弱的灯光。我感慨万千，不是大院里没有灯光了，而是现在外面的灯光太绚丽了。

后来，大院被开发商征地盖楼，一栋栋被拆除，现在只剩下没有围墙、孤零零的两栋了，像极了贫民窟。但大院在我心里的荣光一点儿都没改变，仅以它消逝的一面，也足矣让我荣耀一生。

望着倒映在涪江上的夕阳，经过火车货站和红星楼，穿过那一排排红墙老厂房，顺着宽阔的厂区大道一路向前，我突然明白，我们再也无法回到从前。过去，已变成一枚城市记忆的琥珀。

我栖身的这座城市有着蓝天和白云，有着一群日出而作、日落而息朴实无华的人，我们的路弯曲而坎坷，背负岁月的风雨，品味着生活的艰辛与欢乐。无论中国铁路怎样发展壮大，铁路人的精神和灵魂永远不会改变。无数年轻人将自己的青春献给铁路，在那平凡的岗位上艰苦奋斗着，就为了那一份执着和坚持。

04

第二个故事，要从哪里开始说起呢?

我第一个想到的词语，是“最可爱的人”。还记得上中学的时候，课本上有一篇文章《谁是最可爱的人》，当时我并不太明白，为什么要把“解放军战士”和“最可爱”联系在一起，直到后来我去了高原才明白了。

那是一片离太阳最近的高原，那里有神山，有圣湖，那里生活着这个世界上最无忧无虑的游牧民族。

在我的书桌上，除了随意丢放的稿纸和一盆早已枯萎的仙人掌之外，最显眼的就是一张站着的八个男人的合影。

照片里，八个男人的表情各异。有对着镜头傻笑的杨发涛，有一脸严肃的纪刚，还有露出淡淡微笑的田军，以及满面阳光的洛桑泽仁。照片里的另外三个男人，是从总队和支队来给我们颁发集体一等功奖章的领导，我却早已忘记了他们的名字。

照片里，还有一脸羞涩与青涩的我，以及手中握着的那把陪伴了我整整三年的81式半自动步枪。

照片里的这几个男人现在大多都不在特警队了。他们有的当上了局领导，比如纪刚；有的脱离了公安系统，最后调回了内地，比如田军。而留在特警队的，只剩下杨发涛一个人。

没有去过川西高原的人，永远不知道这里的艰辛和无奈；没当过警察的人，永远不能体会高原警察的危险与心酸。这里的平均海拔是四千多米，缺氧就不必说了，还经常停水、停电、断网，我工作的整个县城只有一家网吧、一家银行，每到冬天，几乎每天都停水、停电。

记得有一年的春节，我在单位值班，赶上停电，街上的饭馆没一家开门的，连方便面都吃不上。为了应对停水，我在家里储存了一盆水。可是当我夜里回到家，那盆水已经冻成了冰。自来水管子里放出来的水浑浊不堪，常常还能看见漂浮的牛毛和水草。

我25岁生日那天，是在海拔四千八百多米的川西高原上过的，我依旧背着那把81式半自动步枪。

那个时候下乡抓人，要坐八个小时的车，然后是骑马，再然后是徒步，渴了就喝一口山泉，累了就躺在路边睡。无数个夜晚，我和战友们在雪地上慢慢睡去；在零下二十摄氏度的深山中，我们用身体相互取暖，紧紧依偎，慢慢入睡；无数个夜晚，我们在凛冽的大风中前行，在犯罪嫌疑人的枪口下，我们从来没有退缩过。我在高原的一千多个日夜，每一夜几乎都是在同伴们的故事声中睡去的。

抓捕行动通常都在夜里，因为暮色便于掩护自己和迷惑对手。我们在黑夜中前行，路旁就是万丈深渊。有时候，走着走着，人就少了一个，再往前走，一会儿发现人又少了一个。有一次，直到行动结束，我才在深渊之下看到自己走失的兄弟，以及散落在一旁的警号。

05

谁不怕死，但是我们只能迎死而上，不管勇猛还是不勇猛，没有选择。

说说我的几个牺牲的战友。

其中，最年轻的才19岁。他父亲是警察，但在一次武装抓捕行动中牺牲了，组织上为了照顾他的妻儿，便让他的儿子免试入了警。这小子高中毕业后就直接当了警察。我看他身体好，并且还是国家二级运动员，就直接把这小子要到了特警队。可他上班不到一个月，连工资都没拿到就走了。

另一个小伙子，出事前刚结婚不久，调令来了几次，这小伙子就是不愿意走。我骂过他，打过他，可他就是不肯走。有一次，他喝了酒，半夜跑到我家来哭，他说："兄弟，这里穷，这里工资低，这里语言不通，这里连自来水里都有牛粪，这里还危险。但是兄弟，我舍不得，我舍不得你们，我舍不得刑警队，我不走，我不走。"但这小子后来还是食言了，他走了，永远地走了。

还有一个叫杨洪，家是德阳中江的，母亲去世得早，是父亲把他拉扯大，生活过得不容易。他父亲上了年纪，身体也不好。他出事后，我们一直不敢跟他父亲讲，这事就一直瞒着。每次他父亲问起，我们就撒谎说："杨洪执行任务去了，要很长时间才能回来。"后来，他父亲居然坐了两天的车，一个人跑到高原来看儿子了。我们几个兄弟啥话都没说，直接跪在了老人面前。老人一句话也没说，连一滴眼泪都没掉，转身就走了。但我心里明白，老人的日子也不多了。

我也受过伤，大到被摩托车拖了十几米，瘸着脚不敢回家；小到被女人咬烂了手，被同事笑话。

有一年设卡抓人，天气特别热，我被分配在距离县城一百多千米外的卡点，全副武装在路口设卡检查。过关卡的人，有不耐烦的，有各种抱怨的，直到有一个阿姨下车来看了我们半天，然后从车的后备厢里搬出半箱水，挨个递到我们手里。当递到我手里时，她说：“这么热的天，你们也辛苦，我儿子也就像你们这么大。”

不骗你，那一瞬间我一个大男人差点儿哭了。

06

在甘孜待了三年零一个月后，我离开了高原。从那时起，我的世界里再也没有了酥油茶和藏香的味道。

以前的同事经常给我打电话，偶尔到我所在的城市出差办案，我还会与他们喝上几杯。但有时，我却害怕与他们见面，害怕与他们聊天。因为，我害怕和他们聊起过去，聊起那些惊心动魄的往事，那些早已离开的战友以及我们曾经战斗过的高原；我害怕回忆起青春时那些已经渐行渐远的梦想，那些曾经熟悉的人悄无声息地突然离开了我的世界，就像他们从来没有来过一样。

然而，这段记忆即使不想触碰，也已经深深融入了我的血液，每当生活中遇到无法逾越的困难时，我总会想起曾经的那群战友。他们虽然平凡，但他们却有不平凡的品格，他们用年轻的身躯为人民撑起一片蓝天，他们的点滴付出带给我的都是沁人心脾、直达心灵的震撼。

他们是我心中最伟大的英雄，是世界上最可爱的人。

07

生活中哪有什么岁月静好，不过是有人在为你负重前行。

冬天的十字路口，大雪纷飞，气温降至冰点。一名交警还在坚守岗位，只为行人能够安然无恙地回家。也许，当他无意中回头，看到自己身后守护的万家灯火，会露出满足的微笑。

深夜医院的急诊室，人来人往，灯火通明。谁也没有注意到，一位医生在熬夜做完一台手术之后，累得靠在墙角睡着了。也许，在他的梦里还在为拯救病人而忙碌，但医者仁心，只要拿起手术刀，他就不允许自己倒下。

清晨的大街小巷，整个城市还在沉睡中，等待苏醒。环卫工人们已经早早拿起清扫工具，蹬着三轮车开始了一天的工作。也许，一个路人赞许的微笑和配合，就能让他们暂时忘记了早起的劳累。

夜深人静，当我在键盘上飞快敲打，回忆起生命中那些朴实的笑脸时，眼角总是湿润的。我想起了很多人、很多事，在我人生短短的三十多年中，我需要感谢的人太多，那些为我负重前行的人，我欠你们太多。正是有了无数无名英雄的辛苦付出、默默守护，才让我们的灵魂得以自由地飞翔，看烟花灿烂，赏灯火辉煌。

当我们在和平年代，开心地享受岁月静好的时候，请不要忘了那些替你我负重前行的人，他们的爱可能很平凡，却能够超越生活本身，照亮前行的路；他们的爱可能很微小，却能在你最需要的时候给你温暖。他们可能是自己的父母，可能是生活中无数平凡的劳动者，但他们值得称赞，值得被爱！

5

没有意义本身就很有意义

生命好在无意义，才容得下各自赋予意义。假如生命是有意义的，这个意义却不符合我的志趣，那才尴尬狼狈。

——木心

01

去年，我在一个综艺节目中听到了一名“90后”女孩的演讲。

在这个赢得高晓松高度赞誉，在节目中被誉为“迄今为止最好的演讲”，女孩与大家分享了自己高中时期罹患躁郁症的故事。

对于自己得病时的感受，她是这样描述的：“抑郁的一面是，每天都很想自杀。但狂躁的时候，就会感觉自己站在世界之巅，灵感突发，可以几天几夜不睡觉。”

后来，她入院接受治疗，苦苦寻找人生的意义。她向每一个前来探视的心理医生询问："人生的意义究竟是什么？人究竟为什么活着？"

对于这个问题，不同的人给了她不同的回答，但她印象最深的是一个来自美国的心理医生。这位医生的回答与别人的长篇大论不同，他只是反问了她一句话："你觉得意义的意义是什么呢？"

02

人生的意义究竟是什么？我曾经也问过自己这个问题。但第一次向我提出这个问题的，却是朋友小C。

按照一般人的标准，小C的生活还算比较圆满，有对象、有学历、有成功的事业，衣食无忧，但她总是对什么都提不起兴趣，甚至患上了轻微的抑郁症。

她说，自打毕业以后，生活虽然可以自主，但却像进入了一个不断重复的死循环，每天加班到很晚。可即使忙成这样，却依然一无所获，更让她恐惧的是，一种无形的空虚和恐惧开始在她的生活里蔓延。

怎么形容那种感觉呢？后来，小C告诉我，在当时那种可怕的抑郁情绪里，她觉得世上所有的一切都无法再引起自己的兴趣，所有的快乐都是短暂的，所有的得到都会失去。不管是成就还是未来，都让她觉得无所谓。

她觉得自己好像进入了一个空白的世界里，那里什么都没有，不管上下左右，都是白茫茫的一片。这种陷入虚无的绝望和残留的对生的渴望，让她觉得孤单、恍惚。那段时间，她走在路上会哭，坐公交车会哭，吃饭的时候会哭，睡觉的时候也会哭。

更让她恐惧的是，这种对意义的追问和探索，正在一点点夺走她生命中所有美好的东西：以前喜欢的运动、音乐、画画，都从生活里消失了，她越来越搞不明白自己究竟要的是什么，她的心里除了焦虑，变得空空如也。

她开始不断地想：我活着到底是为了什么？可能有的人会认为，活着的意义是为了获得巨大的成就，或者获得巨额的财富。但古往今来，有成就的人诞生了一批又一批，被历史记住的佼佼者又有几个呢？金钱就更不靠谱了，生不带来，死不带去。更何况对于我们普通人来说，几乎不可能成就什么伟大的事业，那活着还有什么意义？既然活着没有意义，又为什么还要活着呢？

于是，在把自己折磨得奄奄一息之后，小C对我抛出了这个问题："感觉人生一切都没有意义了，对一切都失去了兴趣，怎么办？"

03

其实，不光是抑郁症患者，很多生活平淡的人也像小C一样，都曾经问过自己这个人生的终极问题：“作为一个平凡的人，平凡的长相，平凡的家庭，平凡的智商，每天重复着相同的工作，机械地上班下班、吃饭睡觉，我们清楚地知道，自己一生不会有大的作为，所谓的努力活着，到底有什么意义呢？”

如果我们无法解答这个问题，不妨换个解题的角度：难道真的要等得到了一切，我们的存在才有意义吗？

我们常常觉得，那些有很多财富、有很高地位的人生赢家，心里一定是满足的。但实际上那些人生赢家们也不免感到空虚，也不免怀疑自己所做的是否有意义。很多“富二代”常常抱怨自己生活得孤独、空虚，钱对他们只是数字，别人的羡慕里也没有真情，于是他们挥霍一切，纵情于声色犬马的生活，但每日如影随形的仍然只有痛苦。

或许是否有意义并不是最重要的问题，是否有尊严才值得我们考虑。

在现实的重压下，我们努力过了，拼搏过了，但是仍然无法改变现状，此时我们应该做的就是尊重自己，而不是妄自菲薄。曾经尝试过，就虽败犹荣。在无能为力的现实面前，我们承认自己不能扭转什么，但是尊重自己曾经的努力，就是我们存在的最大意义。

在萧红的《呼兰河传》中有这样一段描写：

七月十五盂兰会，呼兰河上放河灯了。

大家一齐等候着，等候着月亮高起来，河灯就要从水上放下来了。

河灯从几里路长的上流，流了很久很久才流过来了。再流了很久很久才流过去了。

在这个过程中，有的流到半路就灭了。有的被冲到了岸边，在岸边生了野草的地方就被挂住了。

还有每当河灯一流到了下流，就有些孩子拿着竿子去抓它，有些渔船也顺手取了一两只。到后来河灯越来越稀疏了。

到往下流去，就显出荒凉孤寂的样子来了。因为越流越少了。

流到极远处去的，似乎那里的河水也发了黑。而且是流着流着地就少了一个。

可是当这河灯，从上流的远处流来，人们是满心欢喜的，等流过了自己，也还没有什么，唯独到了最后，那河灯流到了极远的下流去的时候，使看河灯的人们，内心里无由地来了空虚。

“那河灯，到底是要漂到哪里去呢？”

河里的河灯每一盏都不一样，就像我们这世间的人。点燃河灯的小孩早就离开了，河灯也永远不会知道自己为什么要被点燃，但它依然向远处漂去，因为在它看来，既然已经烧起来，就要烧下去，不管结局怎样，命运总是有它的安排。

河灯从来不关心漂浮的意义，感到空虚的仅仅是我们自己。

就像那个追问心理医生“活着的意义到底是什么”的女孩，她说，当心理医生反问她“意义的意义又是什么”的时候，她第一次深刻地意识到：追求意义本身是一件多么荒谬的事情。

活着本身不就是意义本身吗？

活着的意义，首先，要活着；活着，就是要让体验最大化。

去聆听那些未曾听过的音乐，去品尝那些未曾尝过的食物，去游历那些未曾去过的地方，去感受那些未曾见过的日出，去经历那些让你笑哭的时刻，去体验那些最单纯的快乐，去勇敢地爱，去痛快地恨，去做自己喜欢做的事，去尽情地享受生命，这就是活着的最大的意义。

除此之外，我们没有权利对意义进行定义。

04

记得以前看过一幅漫画，有一群人在路上行走，他们每个人都背着一个硕大的十字架，十字架非常沉重，以至于让每个人都走得步履艰难。这时，其中有一个人停下了脚步，他想，十字架这么重，如果没有它不就走得快多了吗？于是，他偷偷锯下了十字架其中的一截，负担变轻了，他很快就超过了同行的人。

过了一段时间，他觉得十字架还是很沉重，于是他故技重施，一次次地锯短了自己的十字架。突然，路的前面出现了一道裂缝，没法继续再往前走了。

这时，其他人取下自己背上的十字架，横跨在裂缝两端，轻松地走了过去。但是，这个耍小聪明的人却因为十字架变短，永远留在了路的这一边。

人人生而有使命，人人生而有潜力。但是我们到底是怎样遗忘了自己的使命，怎样埋葬了自己的潜力呢？一个很重要的原因是我们看轻了它，觉得它没有用，有时甚至怕被人发现，恨不得把它藏起来，或者恨不得丢弃它。

久而久之，我们把自己训练得对很多事情都熟视无睹，或者直接给予否定的评判，而这就是大多数人对待我们自己潜力的态度。

实际上，那些被我们丢弃的看上去毫无意义的事物，恰恰正是我们的潜力所在。这就像是被一个人刻意隐瞒的事实，却往往正是案件中最关键的线索一样。

那些生命里所有你认为可能无意义的事物，它可以是一个诅咒，也可以是一个馈赠。

就像文章开头提到的那个患上躁郁症的女孩，她在演讲的最后说：如果生命可以重来，她可以选择要不要得这个病时，她还是会选择要。

因为，我们每个人的生命都是独一无二的，我们经历的那些高考失利、工作上的挫败、感情上的被分手，那些独自一人在陌生的城市深夜迷路，又或者一个人在遥远的大西洋海边吃烧烤。这所有的一切，所有所谓的成功和失败，都是独一无二的。也正因为有这些，才组成了有血有肉过得精彩而丰盛的我们。

捷径，其实是最远的路；智巧，其实是最笨的拙。

有些看上去没有意义，甚至是痛苦的经历，可能是你人生中无法避免的成长。

所以，我们不必自作聪明地追寻所有的意义。因为今天对的，也许明天就变成了错的；今天的错误，也许会成为明天的成就。我们只能看见已经发生的事情，却无法预知未来的发展。

人生只是一场游戏，你我都是其中的玩家。如果你真的想找到自己存在于这个世界的终极意义，大概只有好好活过，才会得到最后的答案。

6

最伟大的平凡是不辜负自己

01

前段时间，因为偶然被体重秤上的数字吓到，我迷上了健身。

在健身房泡的时间久了，我注意到一个奇怪的现象：很多来健身房的新人，最喜欢去的地方是跑步机，跑到疯狂出汗之后，自拍一张，就再也没有出现过。而那些真正的健身达人，往往喜欢待在器械区，而且他们锻炼的时间反而不会太长，热热身，完成当天的锻炼目标，再拉伸一下，锻炼完毕就走人了。

我像发现新大陆一样，将这个发现与一个做健身教练的朋友分享，他鄙夷地白了我一眼，说：“这算什么，我再告诉你一个规律吧，在健身房里待的时间最长的人，也是喜欢跑步的人，这类人看

起来最努力，但收效最慢的也是他们。”

这下换成我好奇了：“为什么最努力的反而收效最慢呢？”

朋友用专业的口吻回答道：“因为对于真正想要减脂的人群来说，先上力量再去跑步，效果会更好。而那些喜欢跑步的人，他们只是假装很努力，其实坚持不了几天就放弃了。”

从那以后，每当看到那些在跑步机上汗流浃背的人，我都会不由自主地想起朋友的这句话——他们只是假装很努力。

后来，因为工作渐渐忙起来，去健身房的次数也越来越少，但这种“看起来很努力”的人并没有从我的生活中消失，反而出现得越来越多。

在你的微信朋友圈可能也有这样的朋友：今天放一张加班到半夜的公司自拍，明天放一张这个月要读的书单，每天早上要准时打卡学英语，还能稳稳占据运动排行榜的第一名，某天却突然放上一句忧郁的话——为什么我已经这么努力了，还是看不到结果？

然后，很多朋友就会留言：“你已经很棒了”“你已经这么努力，不用太在意结果”“你现在就很好”，直到他发出一个破涕为笑的表情为止。

但是，扪心自问，你真的努力了吗？还是只是看上去很努力而已？

02

曾经在网络上看到过一副对联，上联是：间歇性踌躇满志，下联是：持续性混吃等死，横批：积极废人。

有一次，在微信公众号中讨论职场话题，一位读者在后台分享了她的故事：

我是一个很爱给自己定目标，但永远做不到的人。刚毕业的时候，我想考教师资格证，大半夜给自己买了一箱参考资料，结果看了两天就丢到了一边。现在的工作不是自己最喜欢的，但是说辞职说了一年多，我连简历都没有投过。每天晚上我都下定决心：明天一定要努力，但第二天一起来就把一切都抛到脑后了。我总是一边懊恼自己虚度光阴，一边又无法把想做的事情坚持下来。即使下定决心去改正，但没过几天又回归到了以前的懒惰，如此循环着过了一年又一年。我应该怎么办呢？

其实，这是很多年轻人的生存常态，他们不满意自己目前的生活，一心想攀爬到生命中的高点，但又没有能力改变这一切。每天立志，又每天推翻自己的想法。虽然每天在微信朋友圈展现出积极向上的奋斗形象，但实际上，却没有一个能够坚持下去：每个月列出来的书单，买回来拍个照，就放在角落里吃灰；看到别人的“马甲线”心生羡慕，于是买回瑜伽垫，可过了一年都没有打开过；今天加班到半夜，第二天又在上班时间浑水摸鱼，从不按时完成任务。

如果你也曾经有过这样的经历，那么很可能你已经成功地进入“假装努力”的陷阱之中了。

如何分辨自己是不是在“假装努力”呢？心理学家给出了这四种表现：

（1）喜欢在小事上花费大量的时间

一个人要想有所成就，光有目标是不行的，还要有走下去的恒心和毅力。每个人都喜欢玩，喜欢休闲娱乐，但是为了达到自己的目标，我们必须放弃这些肤浅的欲望，将精力放在真正重要的事情上。

（2）做事的效率很低

所有没有效率的工作、无意义的会议、重复低效的整理……即便向外界营造出一副我很努力、很劳累的假象，也无法改变拖延症的事实。

（3）喜欢给自己找借口

当一个人开始找借口时就是在逃避问题，而不是在解决问题。

我借口每天写作太辛苦，就是给自己的懒惰找理由；我借口脑袋一时堵塞没了灵感，就是拒绝新的灵感入住；我借口不顺心的事情太多，就是错过真正应该去做的事情。我的借口越多，便活得越庸碌。

再多的借口都不会让我的生活有丝毫好转，反而只会变得更糟。

（4）只顾做事，没有自己的独立思考

杨绛先生曾经说过一句话：“你的问题在于书读得不多而想得太多，过度规划未来、过度思考人生就是病，得治。既不看手里的牌，也不看脚下的路，那不是展望未来，而是胡思乱想。”

有人说，越没有什么的人，越会炫耀什么。真正努力的人，往往非常低调，而那些没有真正努力过的人，因为无法在真实的生活中获得真正的成就感，所以才转向在虚假的努力中寻求自我安慰，在无效的劳动中自我麻痹。

这种只在表面上追求不平凡的人，往往是生活中最庸常的普通人，因为他们总是将“想做”当成“在做”，把“在做”当成“做到”，他们永远不明白：真正的努力，不是给别人看的。欺骗别人很简单，骗过自己却太难。

很多时候，我们并没有努力做过什么，只是在自欺欺人罢了。我们只是希望自己能做出努力，改变现在不甚满意的困境，但是，一切却仅仅停留在期盼而已。既然我们明知自己做不到，为什么不能停止那些自欺欺人的把戏呢?

或许是因为我们不愿意面对一个并不完美的自己。毕竟，一个既努力学习，又努力工作，还健康生活的人，才是一个头顶光环的完美的人，任何一个不能做到这一切的人，都只能生活在灰暗之中。但是，这种认识可能本身就是错误的。其实现实中的真实情况是，很少有人能够事业和家庭兼顾，或者学业和爱情兼顾，或者财富和健康兼顾。我们的人生就这么短，一天醒着的时间能够做好一件事情就已经不容易了，为什么要在各个方面都对自己提出最高的要求呢？

人生都有缺憾之处，每个人也都有平凡的地方，但每个人也都有做得不错的方面。我们不愿接受自己只在某一些方面平凡，恰恰是不懂欣赏自己。如果停止自欺欺人，停止追求并不现实的完美，我们就会生活得轻松许多、自如许多，也能更清楚地看到自己的长处和短处，做到扬长避短。有时候比起成为一个全能选手，单项高手更有智慧。

03

微博上曾经有一个热门话题：我觉得自己是最____的人。在一大片“穷”“懒”“丧”“好人”之类调侃的形容词中，得票数最高的答案是“普通”“平凡”。

但是，什么是不普通，什么是不平凡呢？

我认为，坚持把简单的事情做好就是不普通，坚持把平凡的事情做好就是不平凡。很多成功的人之所以受人尊重，不是因为他们做出了多么伟大的成就，而是在平凡中做出了不平凡的坚持。

从小，老师就告诉我们“坚持就是胜利”，这确实是一句千古名言。大家不知道听过多少次，然而，真正将它做到的人却是少之又少。

每一条成功的路都不是一帆风顺的，除了少数人天赋异禀之外，其他人的资质大都相同，但为什么几十年之后，有的人达到了当初的目标，有的人却没有呢？原因不在于运气，而在于我们每个人付出的坚持和努力是不同的。

自己选择的路，跪着也要把它走完。不管做什么事，我们不可能保证百分之百的成功，但应要付出百分之百的努力。否则，即使你有天赋的才华，也会像《伤仲永》中的仲永一样，从少年“神童”走到最后的“泯然众人”。

就像我选择了写作这条路，因为没有固定收入来源，家里人多少有些不大支持，可我偏偏就不想放弃。其实要找一个龟缩不前的借口非常容易，但是这个借口并无丝毫裨益。

世界上有太多的人在自欺欺人，但即使你假装努力，结果是不会陪你演戏的。宁可走些弯路，也不要轻易辜负自己。当你开始思考，找到自己想做的事并为之努力的时候，你会感受到自己内心的动力，那是你在为自己的生命发光。

7 向不完美的生活致敬

01

记得刚上大学的时候，我的生活十分艰苦，每个月的生活费都要靠父母资助。为了节省住宿费，我在郫县一个临街的小镇上租了一个单间。房间大概10平方米，里面除了一张床，一个电视，一个厕所，就什么都没了。

这样的单间非常便宜，每个月200元，还包水电费。但是因为临街的关系，晚上的车流声十分大，而且每天早晨我能看到房间里的东西都被盖了一层灰。再加上年久失修，房门也是坏的。夏天，风一吹门就开了。我为此担惊受怕了好长时间，最后只能用一根筷子当门闩，这才敢安稳睡去。

那个时候，陪伴我的是一只叫作“甜甜”的狗。它总是呆呆地看着我，看我写文章，看我睡觉。每当我睁开眼时，总是能看见它用圆溜溜的眼睛盯着我。

之所以给它取这个名字，是因为甜甜是我艰苦生活中唯一的一点儿甜，但它却没能跟我过上什么好日子，谁让它摊上一个穷主人呢？

每当看着跟我一起挨饿，还总是开心迎接我的甜甜，我都会想：等以后有个大房子就好了，甜甜就不用跟我一起挨饿受冻了。

后来，借着去电视台实习的机会，我有了收入，立刻带着甜甜搬离了那个阴暗潮湿的单间，在市区跟别人合租了一套房子。

这是一套80多平方米的两居，我住主卧，次卧是一对大学生情侣。

每天下班后，我都会回家自己做饭，有钱的时候吃回锅肉，没钱的时候就吃面。甜甜陪我吃了不少的面条。其实我能看出来，它一点儿都不想吃，因为它总是走过去闻一下就走开了。但几分钟后，看见我在吃，它又会很不情愿地吃掉所有的面条。

再然后，我毕业了。有了稳定的收入后，我在公司附近的一个高档小区里租了一套房子，还买了二手空调、二手电视、二手沙发、二手饮水机，一切都是二手的，除了我和甜甜。

我原以为此后就可以过上正常、舒适的完美生活了，但事实并没有这么简单。

有段时间我常常加班，每天深夜11点才可以回家。每次从小区大门经过时，门卫就会叫住我："交钱来，2元。"我看看表说："还不晚啊。"门卫眼睛看天，不屑地说："超过11点回家都要收2元的开门费。"人在屋檐下，不得不低头，我老老实实如数把钱给了他。

直到有一天，我发现门卫只在我回家晚时才另收钱，我愤怒了。我问他："为什么小区其他的人回来晚了你不多收，我回来晚了你却要多收钱？"

门卫平静地说："因为你是租房的。"

我一拳打破了门卫的鼻子。不要以为我就这么走了，我依然还住在那儿。但从那晚以后，哪怕我凌晨回来，他再也没再收过我一分钱。

"为什么生活总是有这么多不如意的事情呢？"我摸着甜甜的头对它说，"以后咱们要是有自己的房子就好了，就再也不会受人欺负了。"

02

几年后，我的这个愿望到底实现了。

父母为了让我能更好地在成都工作、生活，他们卖了绵阳的大房子，老两口住进一套不足50平方米的小房子，为我在成都二环内买了一套80平方米的房子，才得以结束了我寄人篱下的蜗居生活。

我以为，生活终于达到我想要的完美了。但好景不长，刚搬进新家没多久，甜甜却因病离开了我。我是个爱狗如命的人，甜甜的离去让我心如刀绞。

从那以后，我的生活逐渐走上了正轨，我再也不用为每天的生计发愁，不用再看别人的眼色过日子。但是，每当我在装修好的新家里看到给甜甜预备的狗窝时，我都会想起那段与甜甜一起度过的艰苦时光。

03

每当遇到不如意的事时，我总会冒出这样的念头，“如果能够这样就完美了”“如果没有这个就完美了”……多少次，我期待完美的生活，但命运却总是给我设置了各种障碍，让我的希望一次又一次落空。

生活中，这种期待“完美生活”的典型思维大量存在着，我们对生活的完美情结创造出一个永恒的市场。比如，“永远幸福的爱情”“生活永远一帆风顺”“每个人都有机会成为亿万富翁”等，这些都是人们茶余饭后经久不衰的话题。

但是，这个世界上真的有我们梦想中的完美生活吗？

18岁的张爱玲，在她的处女作《天才梦》中写道：“生活是一

袭华美的袍，上面爬满了虱子。”

透明的玻璃不小心打碎了，看着一地的碎片，我们都知道这个杯子再也不能用了，就算勉强黏起来，也定会有永远无法愈合的裂痕。就像钟表的指针永远不能倒着走，小溪里的水流也永远不能倒着流。

生活是一部时刻都在进行直播的连续剧，只能往前走，不能回头看。长路漫漫，我们有太多的遗憾注定无法实现，有太多的残缺也注定无法弥补。遗憾与残缺并不可怕，因为完美的东西不仅非常难得，而且更加易碎。

为了满足人们对于完美生活的向往，我们身边出现了大量的网红明星、励志人物，他们肆无忌惮地向人们展示自己完美的生活、幸福的家庭。网络拉近了人与人的距离，让我们得以近距离窥视别人的人生，却无法分辨这展示出来的完美，究竟是真还是假?

很久以前，毕淑敏写过一篇文章叫作《白沙丘》，里面的母亲为了追求孩子的绝对完美，使出了浑身解数，虽然最后如愿以偿，却搭上了孩子的生命。这并不是只存在于虚构小说中的幻想故事，我们生活中这样的例子随处可见。

在我认识的朋友中，小Y是一个不折不扣的完美主义者。在工作上，她能力强、业务过硬，一路高升；在与同事的相处中，她与上、下级关系融洽得当，在纷繁的人际交往中总是游刃有余；在生活中，不管什么事情，她事前均会做出妥善安排，有备无患；在个人健康上，她多年来一直坚持锻炼和节制饮食，保持着苗条的身姿，体重上下浮动极小。

但是即便如此，她从不觉得自己的生活很成功。甚至有好几次，她因为不满意自己精心准备的衣服和发型，最终取消了与恋人的约会。更加糟糕的是，她发现想要控制自己已经变得越来越困难，她竟然开始酗酒和暴饮暴食，这一切让她自己都觉得不可思议。

04

每个人心中其实都有两个我：一个完美的，一个不完美的。就像阴阳太极图的两面，失去了哪一个，另一个也无法单独存在。但是，在我们所受的教育中，我们被要求成为一个完美的人，所以我们对自己不满，却忘记了：那个完美本就是虚幻，而真实的自己虽不完美，却很完整。

从前，有一个圆环将自己的一部分弄丢了，它就想去寻找缺失的那部分。由于不圆，它滚得很慢。但正因为慢，在路途中，它看到了以前从未注意过的路边的花草，同时也认识了很多昆虫。它开始同它们交谈，并和这些千奇百态的生物建立了深厚的情谊。

后来，有一天，它终于找到了自己缺失的那部分，又重新变成了一个圆环。它可以滚得更快了，却再也没有机会找回从前的日子。从此它每天只做着一件事，那就是不断地向前滚。最后，它将自己好不容易找到的那一角扔掉了。

完美主义者之所以对完美有那么执着的追求，是希望成为一个更好的人。其根源首先是对自己的全盘否定，他（她）追求的不一定是完美，而是他（她）心中已经默认自己是不完美的了。

殊不知，不完美本身就是一种完美，因为你将永远拥有追求完美的动力。接受自己的不完美，接受人生的不完美，是我们应有的权利。

我曾经在美术馆看到过一幅画，画的内容是江面上漂浮着一叶扁舟，舟上有一渔翁独坐，渔翁垂钓于江中。

与西方写实派的画风不同，这幅画的作者只是在渔翁的周围用淡淡的笔墨轻轻勾勒了几笔，以此来象征水光与寒波。整张画卷除此之外再无他物，但正是这些空白，成功地向人们展现了江上烟波浩渺的环境，以及苍茫辽远的深邃境界和清寒意象。

在很多中国风的绘画作品中，画家都喜欢运用这种名叫“留白”的创作手法。留白，顾名思义就是在创作过程中不要全部画满，而是要在作品中留下相应的空白。

司图空《诗品》中的“不着一字，尽得风流”，李渔《中国画论·神韵说》中的“诗在有字句处，诗之妙在无字句处”，追求的都是那一份空白，追求的都是“此时无声胜有声”的共鸣效应。那空白并不是空缺，而是存留的关键；那空白更不是苍白，而是五彩的遐想。

空白不会让人生逊色，相反，它会让人生更加精彩。

生活中，我们总是期待完美。有的人说，没有得到我的最爱，我的人生就是一片空白；没有取得事业上的成功，我的人生就成了一片空白。其实，人生并不存在绝对的完美，如果一个人不懂得珍惜眼前，不懂得欣赏生活，他也无从享受“留白”人生所带来的满足与幸福。那么，即便他拥有再多的东西，也依然会认为此生不圆满。

05

在我们的生命中，我们最看重的是明天，最轻视的是今天，最放不下的是昨天。虽然我们拥有的只有现在，但经常把现在的时光用在缅怀过去、幻想未来上，直到今天也变成了昨天，才知道它的宝贵。

因为存在对完美生活的幻想，使我们总是活在未来，为未来可能出现的种种问题做着种种准备。但未来会发生什么，我们什么也不知道。我们买了漂亮的衣服、漂亮的餐具，却从来也不去用，我们总想着“等到一个特殊的日子再用吧”。结果，这个特殊的日子从来没有到来过，我们却错过了每一天平凡的快乐。

给生命留些空白，是人生得以喘息的机会，倘若全部都占满，那么生命也会因为没有通道而窒息。

万物都是相互依存着而存在，一旦什么东西变全了、变满了，那么也就到了它转向相反境地的时候。所以，我们应留下些空白，而不是只知道填充。如果我们只知道堆砌，把一张图画、一个舞台甚至一颗心装得严严实实，密不透风，那么它体现的就不会再是美，而是丑；不会再是圆满，而是腐朽。

真正的完美主义者并不是要求自己事事完美，更不是苛刻求全，跟自己过不去。因为，世界就是一种不完美，人生当有不足。留些遗憾，留些空白，反倒能让我们更加清醒，也活得更像一个真正的人。

平凡就是一种不完美，因为有缺憾，所以达到一种苦难与抗争的平衡。在追求完美的道路上，只有生命在缓缓徐行，不会为谁停留。

8 用自己的方式过完一生

我对自己的要求很低，我活在世上，无非想要明白一些道理，遇见有趣的人和事，倘若能如我所愿，我的一生就算成功。

——王小波

01

在所有的民国人物里，我最喜欢的人是齐白石。

与一般人欣赏他高超的绘画能力不同，我佩服的却是他不按套路出牌的人生：一个27岁的木匠小子，连饭都吃不饱却做起了艺术梦；57岁只身一人来北京，像年轻人一样北漂；67岁才找到自己的艺术风格，在北京站稳了脚跟；八十多岁还开启了一段忘年恋……从木匠到巨匠，这位史上最牛的“北漂”活生生把自己变成了一位

励志榜样。

他用自己一生的经历告诉世界：一个人可以不为地域所限，不为时间所困，更不必拘泥于一定要在正确的时间做正确的事，只要活在自己的节奏里，每一分、每一秒都是黄金时区。

然而，反观我们如今的“80后”“90后”，却完全没有这样的洒脱。

前几天认识了一个姑娘，硕士毕业，在英国留学六年，却突然放弃了前途无限的工作，回到了成都老家，进了一个外企工作。我问她：“这种几乎是颠覆过去的转变，为什么愿意这样妥协？”她说：“因为年纪到了，家里人催得紧，回来以后好赶快解决个人问题。”我愕然，又问她：“那你快乐吗？”她面无表情地回答：“什么快不快乐的，什么年纪就做什么年纪该做的事，人不能总是好高骛远。”

那一瞬间，我突然想起了一句话：如果人在什么阶段、什么年龄就应该干什么事，那是不是老了就要去死呢？

我想对姑娘说：“回归平凡，可不是让你一定要放弃梦想。”

人们常说：“你永远不能休息，否则，你就永远休息。”在这个高速发展的时代，很多人在经济上透支着明天，房奴、车奴们在生活的重压下苟延残喘；写字楼里的灯火彻夜通明，疲惫的人们熬夜成了家常便饭，一步步挑战着身体的极限，但没有人敢停下来，哪怕下一秒就会倒下。

整个世界犹如一部高速运转的机器，人们犹如置身其中的小白鼠，只能在这种疯狂的节奏中疲于奔命，但速度和效率并没有给我们带来舒适与幸福，反而制造着更多的紧张和疲惫。旧的压力还没消失，新的烦恼又不断向我们涌来，每个人都在超负荷运转，在崩溃的红线边徘徊，这样的生活看起来毫无尽头、毫无希望。

于是，这些被压力追逐的人开始奋力奔跑，孩子出生不能输在起跑线上，读的学校不能比别人家的孩子差，中年要事业成功、家庭幸福、儿女双全……

为了在成就体系上名列前茅，我们被各种不同的人塞上了各种人生清单：《人生一定要去的10个地方》《30岁前一定要做的50件事》《不得不读的100本书》……

我们为自己人生的圆满奋斗终生，只是有一件事情却从来没有思考过："凭什么，我的人生要为别人规定的节奏而活？"

02

所谓"人在什么年龄就应该做什么事"，其实是个伪命题。

每个人都希望自己的一生可以按部就班：挤过高考独木桥，进入梦想的大学，大学毕业后找到喜欢的工作，二十五六岁顺利结婚买房，养育下一代进入新的人生阶段，30岁人生轨迹定形，40岁实现财务自由。人生就像一条宽阔笔直的柏油马路，没有一点儿沟坎起伏。

但是，这不是真实的生活，而是《楚门的世界》。

有的人一毕业就找到了喜欢的工作，却在30岁遭遇了公司裁员；有的人从来没有上过大学，却白手起家创立了辉煌的事业；有的人事业成功，却始终保持单身；有的人拥有一个完整的家庭，心里却爱着另外一个人。

有时候不是我们不优秀，而是我们太着急。

假设一个人的寿命是75岁，换算成月大概是900个月。如果你在一张A4纸上画出30×30的表格，一个格子代表一个月。每过一个月，你就把一个小格子涂黑，你可能会惊恐地发现：你的整个人生，就会在这一张A4纸上全部呈现出来。

这种对时间最直观的计算方法，对已经患上严重“时间过敏”的众生来说，无异于雪上加霜。这张A4纸上的900个格子，仿佛一个严厉的命运考官，他正在对你怒目而视，试图告诫你：你的人生若不依他的法子来好好经营，将会带来多么惨重的损失。

不知不觉间，我们随着周围行人的步伐越走越快，直到累得气喘吁吁才突然想起来，自己并不用准时到达目的地，又何苦行色匆匆，错过了路边的风景呢。我们到底是在追赶别人的步伐，还是在走自己的路？

其实，人生大可不必这么慌张。

人生毕竟和简单的投资效益分析不一样，它复杂多变，决定了我们可以允许一个个计划之外的偏差。谁规定我们30岁之前就一定要解决房子、车子、票子问题，谁规定我们毕业之后就一定要十分确定我们这辈子想要的是什么，谁规定我们一辈子一定要自始至终只从事一项工作?

不要过分执着于追逐太多的光环，我们大可活得更轻松一些，尤其在年轻的时候，这与你拼搏奋进和恋爱结婚都不冲突。

我们做的事情只不过是忠于内心而已，即便短暂迷失了内心方向，也不见得是坏事，至少我们会认真思考症结所在，会思考我们是不是错过了什么，是否需要改变。

一种兴趣可能需要一生去培养，一个决定可能需要一生去验证，而一份成就也不见得有固定的期限，而且一个人有一个人的衡量标准，实在没有太多的可比性。

03

十年前，在一次聚餐时我认识了马克。到最后，他已经喝得有点儿恍惚了，但仍执意给我讲他的故事。

他说他18岁出来闯荡，没读过大学，今年38岁，是一本著名杂志的设计总监。他对我这个二十几岁刚步入社会不久的小伙子说："我不知道你们这代人是怎么想的，我特别反感几零后几零后的区别标签，人是靠价值来相互认同的，而不是年龄。”

不出意外，他喝多了。他拍着我的肩膀说：“你们这代人看上去都很急，为房子、车子、票子……好像生活就没有其他的活法儿似的。不瞒你说，我两年前才有自己的房子，孩子也是前两年才有的，我觉得挺好……25岁时我在一家体制内单位工作，有七八年工作经验，待不下去了，要走……领导请我喝酒，一口闷一杯……他跟我说：‘你还年轻，别想那么多……别着急，做你该做的事’……”

当时，他说得断断续续，我并没有听懂他话里的意思。直到后来，当我也被卷入时间的洪流，被众人的意见挟裹着向前奔跑时，当满腔热血和现实的利刃相互摩擦起刀光剑影，又双双被浮华的大都市瞬间淹没的时候，偶尔，只是偶尔，会不自觉地想起他这句话。

人生且长，终有归处，不要急，做你该做的事。

不要急，但也不要驻足不前。拔苗助长不可取，怠惰因循亦不能自强。

我想说的是，生活不都是按常规出牌的，也不是早早就按程序安排好，在哪个年龄阶段就该做或承担什么样的事情……这个世界有太多人承受着本不该自身年龄段承受的东西。

人生路上，我们都在奔跑，在赶超一些人，也被一些人超越。但是，每个人的时间表是不一样的。如果你的身边有些朋友领先于你，或者有些朋友落后于你，这都无关紧要。因为人生中的每一件事都取决于我们自己的时间、自己的节奏。即便暂时看上去比别人慢，也无关紧要，只有走在自己的节奏里，才会越走越从容。

04

你有选择功成名就的权利，同样也可以拥有淡泊一生的境界。

很久以前看过摩西奶奶写的一本书，叫作《人生只有一次，去做自己喜欢的事》，她在书中写道：

“做什么事情并不是最重要的，重要的是做这些事情时，你是否感到愉悦和幸福。

假如我的画作一幅也卖不出去，没有人看我的画，我也还会继续画下去。在和孙女、孙子玩耍之后，我会画下他们顽皮的样子；在一场大雨过后，我会画下地平线朦胧的彩云；在每一个让我心动的瞬间之后，画下值得我去记录的一切。

我时常对给我来信的一些年轻人这样回复：不要惧怕未知的明天，找到自己喜欢做的事情，并且坚持做下去，从中获得乐趣，这样的人生自然是美好而愉悦的。

人的一生，实在是太过短暂，多少岁月在你不经意中就悄然滑过。时间远比我们想象的更加不留情面。在我们年轻的时候，我们以为未来还久，还可以在时间的河流中无所事事，但很快我们就会发现，匆匆流逝的时间，逼迫着我们不得不仓促地应对生活。

我只想说，在我们漫长而又短暂的一生中，在我们所经历的风风雨雨中，找到自己发自内心喜爱去做的事情，并坚持做下去。让这一点点小小的坚持，带给我们微妙的喜悦。不要因为内心的迷茫而忧虑，慢慢来，只要你能够找到自己喜欢做的事情，任何时候开始，都不会太晚。”

这个世界太喧嚣，我们每天忙忙碌碌，当你盲目追求时，别忘了你也正在失去自我。

与其这样，倒不如努力活一次自己，纵然会失败，那也尝试过，所以不后悔。因为我们终其一生其实只有一个目的，就是知道自己想要成为一个什么样的人，并且清楚在自己的生命中想去做什么样的事。至于其他的东西，都是次要的，只有这样，才能找到一份想要的、更舒适、更适合自己的生活，然后用自己喜欢的方式度过一生，将平凡琐碎的生活过出属于自己的味道。

成长，就是一种与平凡的自己和解的过程。但平凡不是平庸，更不是止步不前。

不管你是25岁、35岁，还是40岁，不管你曾经遭遇过什么，你都一样可以成为任何想要成为的人。如果你还有想要去挑战的事，那就去做，不要在乎输赢；如果你还有想爱的人，那就去爱，不要到老时再懊悔。

生命是一种经历，而不是一场比赛，只有拥有遵从自己内心和直觉的魄力和勇气，才能在自己的时区里过得快乐随意。

9

我这辈子做过最英勇的事，便是与平凡握手言和

我曾经失落、失望，失掉所有方向，直到看见平凡才是唯一的答案。

——《平凡之路》

01

一首《平凡之路》，唱出了多少人年少之梦的幻灭，释怀了多少人半生的挣扎。

当最初的梦想渐行渐远，渐渐变得模糊的时候，平凡却迎面走来，变得越来越清晰。

2012年，我脱下警服，从甘孜回到了成都，突然发现一件于我而言十分可怕的事情：我写不出东西来了。

从川西高原回到闲适之都，生活变得多彩，内心也变得浮躁。那段时间，我极度厌倦写作。每天坐在书房，面对暗淡的电脑屏幕，陷入无边的呆滞和虚空。眼前的文字不再带有我的体温和情感，它们不再忠贞于我。

我被难以名状的迷茫裹挟，像是断掉了左臂右膀的人，甚至一度怀疑，写作在这个时代是否已经失去意义。

如果没有了写作，那我还有什么？我放弃一切转而追求的写作梦想，就要这样对我拂袖而去吗？

02

2009年，我出了一本新书，半年后接到出版社的电话。

编辑绕了一个很大的圈子，才委婉地道出了不幸的消息：由于我的书连续6个月累计销量在200册以下，出版方将出清库存。

这也就意味着，我的作品好不容易面世，又不得不回炉销毁，变成纸浆。对一本书的作者而言，最难过的事莫过如此。

残酷的事实再次印证了我的担心。我不知道是不是当你越害怕一件事发生的时候，它就必然会发生。我失败了，我之前担忧自己会失败，现在则是真真实实面对着失败。

我无法回答自己任何问题，也无力安慰自己或是给自己打气，我只是懵了。那段时间我什么都不想做，只想跑步，好像只有不停地向前，才能逃离无边无涯的失意；好像只有不停地奔跑，才能假装离自己梦想中的样子越来越近。

迷茫和失意是每个码字的人都会途径的驿站，而短暂歇脚后，有的人继续前行，有的人却打道回府。

正如我在2005年去上海参加新概念作文大赛时，认识了很多怀有文字梦的同学们，他们在其后几年成为全国知名的“80后”。但遗憾的是，坚持到今天的，没剩几个了。

大学刚毕业那段时间，为了生计，我开始写一些短篇去投稿。

一个编辑告诉我，他们正在组建一个创作团队，稿费也相当有吸引力。

我没有多想，很快就开始了集体创作。加入团队后，每天要做的就是按照编辑给的提纲进行自由发挥。

编辑对文稿的质量没有任何要求，只需要完成字数。因此，创作效率高得出奇，一本30万字的小说，十多个人的团队只需要一个星期就可以完成，再到出版上市只用了不到一个月的时间。

让人诧异的是，这些没有经过深加工、只为对付字数完成的小说居然能够长期占据图书销售榜。

我很快放弃了那份工作。因为它为我所不齿、不屑，甚至痛恨。我们可以卑微如尘土，但万万不可扭曲如蛆虫。

后来重新拿起笔，只是因为我不想把这个世界让给一群自己都看不起的人。

但是陷入迷茫的我却发现，我并没有足够能力去挑战那些人。换句话说，当你发现世界需要拯救的时候，并不意味着下一个超人就是你。

03

很多时候，承认平凡是开始行动的原动力。

有时候，我们会对某件自己非常憧憬的事情心怀畏惧，缩手缩脚，甚至迟迟不敢着手去做，这是因为在我们的内心深处，对自己有一种不符合客观事实的期待。

但当我们发现自己无法达到理想的水平，便会陷入痴迷幻想、止步不前的纠结之中。

从16岁出版第一本书到如今32岁，我变得连自己都快不认识了。

我想起最开始写作的时候，我完全不在意这些文字会被谁看到，或者指望它给我带来什么。我只是单纯地想写而已，不管是幼稚的、辛辣的，抑或为人拍案叫绝的。每一个文字都完全为我而生，它们是从我的心中流出去的思想，我能做的就是赶紧把它记录下来，这是我的使命。

反观后来，我从北京到成都，再到甘孜，然后又回到原点。出了一些书，剪去了长发，和大家一起从文艺青年变成了文艺中年。

虽然获得了一些“粉丝”的拥趸，却越来越失去当初写作的心境，每次想写点儿什么，总是瞻前顾后、遣词造句。思虑过多的后果就是越来越无法下笔了。

在经历了短暂的苦闷期后，我渐渐接受了一个事实：我并非天赋异禀，我写的东西也没有那么多人去看，即便有人看了，也多半不会太过在意。

这样想后，我反而释然了。既然我没有劝世之才，那直抒胸臆也就无甚大过了。也是从那以后，我开始重新找回了写作的欲望，不会在动笔前犹豫太久。因为没有想从中获利的心思，下笔也就没了顾虑。不为别的，只为唤醒灵魂深处的另一个自己。

04

这些年，我写过一些不错的文章，也写了不少烂文章。从一成不变的模仿，到逐渐用自己的情感写作。

有人说，当年的文艺青年，30岁以后要么被生活打败，成为沉默者，要么就成了油腻的中年男人。然而，我从来没想过要做完美的中年男人，甚至觉得油腻一点儿也无关紧要。在我看来，苍白的少年、空虚的青年、油腻的中年、衰弱的老年，本就是每一个人必经的生命历程。

无论状态起伏，无论风格转变，都是自己走过的路，16年前那个青葱的少年如今早已不在原处。

我少年时喜欢装酷，追求语出惊人，这些话现在看来，很多都惹人厌恶，甚至连自己都厌恶。但是谁没有年轻过，你在宿舍里说过的那些蠢话，你写给隔壁“班花”的情书，你在报刊上发表的第一篇诗歌，现在拿出来可不连自己都要笑死吗？

没有人永远和过去的自己一致，除非你不再成长。

也许我们应该对自己宽容一些。不再认得的自己，可能也需要你重新去认识自己。过去那个印象中年少轻狂的自己，也许只是我们误会了自己罢了。现在这个陌生的自己，可能才是真实的自己。当我们发现自己变了的时候，其实也是自己成长了，我们应该为此庆贺，而不是哀伤。蜕变的发生，正说明生命的力量是永不止息的。

05

改变并不总是让我们失落，当我们习惯自己的平凡时，自会在平凡中发现自己的力量，以及自己对于他人的意义。

有一次签售会，现场来了一个女孩，她安安静静地坐在角落里，一袭长发非常漂亮。

互动环节她也没有说话，直到签售会结束，读者们渐渐离去，她才捧着我的书走了过来。

没有太多言语，就是笑。只是让我意外的是，她把我出版过的10本书全部从她的背包里抱了出来。有些书早就断货，甚至连我自己都没有。

三个月后，女孩妈妈通过微博找到我，从私信里我才知道，那个女孩已经去世了。

她妈妈说，女孩在8岁时出了一场车祸，因为输血不慎感染上了重病。

她妈妈说，谢谢我！因为这么多年来，女孩一直在看我的书。

私信的后面，还有女孩卧室的照片。在女孩的床头上，摆着我出版过的所有的书和她来签售会时戴的假发。

其实我是在那一刻才发现，原来自己的文字也是有力量的。

很高兴文字陪伴我那么久，也很庆幸历经过迷茫与失意的自己，终于又重新找回了最初的热血。

从十多年前的文艺青年小廖，到今天的文艺中年老廖，我不再轻易地去批判谁，而是更能保持平和的心态去做事了。

最终，我与平凡这个敌人签下了停战协议，再也不用力量和愤怒的大炮对准它，于是，火药味就此消失了。从此，我决定与平凡化敌为友，握手言和。我也越发地明白，与平凡握手言和是我这辈子做过最英勇的事。

新年伊始，在内心深处埋下一个小目标：用一生的时间去写作。我突然发现，这难道不就是我16岁时的梦想吗？

兜兜转转了一大圈，我又回到了同一个起点，不过，却带着不一样的心境。同样的目标，现在却有着不同的理解；同样的话说出口，却已经是不同的语调。

年少时，我所谓的“用一生的时间去写作”，不过是误以为自己一定会成为最成功的作家，期盼享受所有人的崇拜和关注。而中年的我再说这句话的时候，却早已知道，我之所以要用一生的时间去写作，是因为不管结果如何，我都愿意做一个平凡的记录者，仅此而已。

10 当你抬头仰望，世界全是光芒

01

有段时间，我喜欢在地铁里观察生活：

一个加班到很晚的姑娘，为了赶上最后一班地铁，脱了高跟鞋在地铁里狂奔；

一个拎着公文包的小伙子，靠在地铁的角落里，脸上分明还挂着没有擦干的泪水；

一对紧紧靠在一起的情侣，互相依偎，女孩轻轻抚摸着男孩的头发，并轻声地安慰着男孩；

一个疲惫的母亲，在拥挤的车厢中被挤得左右摇晃，怀里抱着已经睡着的孩子，轻轻地拍着。

……

就像神探福尔摩斯总是喜欢猜人的职业一样，按照写作者的职业习惯，我总会不由自主地猜测他们身上发生的故事。

那个加班到很晚的姑娘，身材娇小，可能来自某个温柔的江南水乡，当初跟男友一起来到这个陌生的城市打拼，但因为生活中的种种摩擦，两个人越走越远，最终还是成了最熟悉的陌生人。但她没有因此一蹶不振，而是将所有的精力投入到事业上，她想证明给他看——没有你，我可以过得更好。

那个在地铁里含着泪的年纪轻轻的小伙子，可能刚刚毕业不久，好不容易找到了一份工作，但由于经验不足，受到了领导的训斥。正当心里委屈的时候，老家的妈妈打来电话，他怕妈妈担心，一直说：这里很好，以后接你们来这儿享福。但是，刚挂上电话，眼泪就不自觉地跑了出来。

那对依偎在一起的情侣，女孩轻轻抚摸着男孩的头发，在对他轻声地安慰。可能他们的恋情受到了家里人的反对，女孩的妈妈嫌弃男孩是个穷小子，不让他们继续交往下去，但女孩不在意，偷偷把他约出来只是为了告诉他：你放心，不管别人怎么说，我都会等你，一切都会好起来的。

那个带着小孩的母亲，眼睛里挂着血丝。可能已经连续好几天熬夜加班了，如果不是孩子突发高烧，她也不会深夜带着他赶去医院。女子本弱，为母则刚。一会儿把孩子放回家里，她还要继续加班，虽然身体已经疲惫不堪，但看着孩子渐渐安稳的睡相，她一直悬着的心放了下来，生活似乎又有了希望……

我喜欢在地铁里观察生活，因为地铁就是一个社会的缩影。

在这个城市中，有很多形形色色的普通人，他们不曾做过什么轰轰烈烈的大事，甚至从你身边走过，你都不会注意到他们的存在，就像大海里的一滴水，悄无声息地汇聚成汪洋。

但是，如果你仔细观察，便会惊奇地发现：其实，每一个人都各不相同。那个在巷子口整天提笼遛鸟的老大爷，也曾经有过在战场杀敌，为国抛头颅、洒热血的热血青春；那个整天跟一帮老姐妹在广场上跳舞的奶奶，也曾经一个人一边工作，一边拉扯大了三个孩子。

每一个生命都是鲜活的，每一个人的背后都有一个精彩的故事。那些普通人平凡的一生，对于每一个个体生命而言，都是一个不朽的传奇。

02

小时候，我们每个人都希望自己成为拯救世界的超级英雄。然而，直到长大后才发现，这个世界从来就不缺少主角，而是缺少能够在平凡生活中攫取快乐和幸福的平凡人。

有时候，我们觉得过不好这一生，并不是眼前的问题有多困难，事情有多复杂，而是我们始终不肯与平凡的自己和解，不肯接受平凡才是人生的常态。

有一次，我用某个音乐软件听歌，偶然翻到了歌曲《平凡之路》的评论区，看到了数以万计的人在这里留言，讲述自己的故事，其中有几个高票的留言，拿出来跟大家分享：

有人说：“我研究生差4分落榜北京大学，从一周前出成绩的那天到现在，依旧缓不过来。今天坐上飞机飞往兰州旅游散心，听到这歌，情绪实在绷不住了，大哭了一场。落榜让我知道，原来我真的不是天选之人，曾经我觉得北京大学离我那么近，现在发现，原来它离我是那么的远。不管未来如何，我还是要走自己的平凡之路。”

有人说：“我是一名人民警察，我很平凡。可我每天重复做的，却不平凡。我们身上所担负的，值得骄傲！我心牢记：为人民服务！”

有人说：“我今年读初三，八十多天后就要面临中考，成绩不算理想，想考高中，却考不到理想的高中。父母劝读师范，可我不想，不想才刚上路就能看到结局，我想出去闯一闯。累吗？累啊！迷茫吗？迷茫啊！那放弃吗？不行啊！为了自己，在这最后的日子里，我决定为了自己，拼命一次。”

还有人说：“我14岁入选国家后备运动员，每天都是训练。

每天都想着为什么我要来这个地方，做梦都想逃离。16岁受伤退役的时候，走出那道门我哭了，才知道自己是有多么的不舍。后来我才知道，其实人生最重要的是沿途的风景，曾经的荣耀都是过眼云烟。不骄不躁才是最好的。”

……

我们每个人，都是不普通的普通人；我们每个人，都满怀憧憬自命不凡；我们每个人，都咬紧牙关独自打拼；我们每个人，都有自己的成长历程。

每个平凡生命都可能曾经自命不凡，每个普通人也不是从一开始就认为自己注定普通。

每个人都有自己的成长历程，只不过在这个过程中，有人仍然坚信自己与众不同，也有人认清现实、认清自己。

我从来不否认拼搏的意义，我鼓励年轻人要勇敢挑战。人生只有不断去突破，不断去努力，梦想才有实现的可能。但人生的意义，也并不是只有拼搏这一种。

03

这些年，我经常会参加一些大型的活动，外界对我的说法很多。

有的人说我是著名作家，有的人说我是北京奥运会火炬手，还有的人说我曾经是法医刑警。曾经，我也以这些值得炫耀的身份为荣，但如今，如果你问我最值得骄傲的成就是什么，我会说：让我最引以为傲的身份是——父亲。

我是一个4岁男孩的爸爸，儿子正在上幼儿园小班，我喜欢“父亲”这个称谓，喜欢他叫我“爸爸”时的样子，每天和他在一起，是我最快乐的时光。

有一次，我工作上遇到了不开心的事情，回家后一个人坐在沙发上不说话。儿子好像觉察到我的情绪，“哒哒哒”穿着小鞋跑过来，抱着我的脸亲了又亲。我收拾好了情绪，说：“你拿玩具来，我们一起玩好不好？”儿子点头说：“好。”又“哒哒哒”跑开了，边跑还边回头对我笑。

他的笑天真烂漫，让我瞬间忘掉了烦恼。

即便我每天很忙，但仍然会抽空去多陪他。对我来说，他是乌云遮蔽的天空里散露出来的阳光，总能给我治愈的能量。

认识我的人都说我这几年变化很大。他们说，以前的我是天上的云，谁也牵不住、留不住。但现在仿佛有了软肋，做事总是瞻前顾后，不如以前那般洒脱。我仔细一想，倒也不错。好像30岁过后，真的不敢冒险了。自从有了孩子后，胆子也一天比一天小了。

从前，我喜欢充满挑战的人生，而现在的我，除了往前冲以外，还会看看身后的家人。但我从来都不觉得这是一种矛盾。因为我冒险和挑战的最大动力，正是来源于这些我爱的人们。

我以前当警察的时候，是法医，每天都会见到各种各样的死亡，生命的戛然而止给了我很大的触动。我当时就觉得，生命那么短，哪有那么多时间去想平凡还是不平凡，努力都来不及，我们都只是迫不及待地想要幸福。

这些年，我觉得我的人生经历了这几个阶段：对一切新鲜事物保持好奇，喜欢挑战各种不可能→所谓的成功后封闭自负、洋洋自得→长时间的迷茫，不知道自己究竟想要什么，几乎每天都喝酒→到现在，心慢慢静了下来，每天会花大量的时间去写作、思考和阅读，其他时间会用来陪伴家人，同时也更注重自己的身体。

我觉得多数人可能都有过这样的心路历程，从热血、激情，到释怀、和解。生活，就是我们从与其死磕到不断妥协的过程。

偶尔走在老街的巷子里，看着阳光透过树叶，照在地上露出斑驳的树影，我会心生感激，对每一天都充满感恩，这就是我所以为的这些年最大的成长。

04

在茫茫的宇宙中，人类究竟有多渺小呢？

有人曾做过这样一个比喻：如果把地球比喻成一粒黄豆，太阳就是离这粒黄豆60米以外的一个篮球。而人类呢，姑且可以看作地球这粒黄豆上的细菌吧。但神奇的是，人类这个渺小的细菌，竟然可以感知到篮球的存在，并且还探索到了篮球以外的广阔星系，这就是渺小而又伟大的我们。

面对广阔的大地和茫茫的宇宙，个体生命看上去似乎微不足道，可以被忽略不计。我们就像夜晚天空中的茫茫繁星一样，没有太阳的光辉，没有月亮的皎洁，不能照亮世界，也没有能力掀起潮汐潮落，在漆黑的夜空中，只能发出荧荧之光。

但是，就算只是无数星辰中毫不起眼的一颗，对于一个人的生命而言，你就是你的整个世界。虽然很小，并且平凡普通，但也要努力地发光。

如果做不了月亮，就做一颗星星吧，夜夜流光相皎洁，足以照亮某个角落，这已经足够伟大了。